Taoufik Kouissi
Moncef Bouanz

Transition de phases dans les mélanges de liquides

Taoufik Kouissi
Moncef Bouanz

Transition de phases dans les mélanges de liquides

Etude expérimentale d'une transition de phase du mélange critique 1,4-dioxane–eau induite par le sel KCl à la saturation

Presses Académiques Francophones

Impressum / Mentions légales

Bibliografische Information der Deutschen Nationalbibliothek: Die Deutsche Nationalbibliothek verzeichnet diese Publikation in der Deutschen Nationalbibliografie; detaillierte bibliografische Daten sind im Internet über http://dnb.d-nb.de abrufbar.
Alle in diesem Buch genannten Marken und Produktnamen unterliegen warenzeichen-, marken- oder patentrechtlichem Schutz bzw. sind Warenzeichen oder eingetragene Warenzeichen der jeweiligen Inhaber. Die Wiedergabe von Marken, Produktnamen, Gebrauchsnamen, Handelsnamen, Warenbezeichnungen u.s.w. in diesem Werk berechtigt auch ohne besondere Kennzeichnung nicht zu der Annahme, dass solche Namen im Sinne der Warenzeichen- und Markenschutzgesetzgebung als frei zu betrachten wären und daher von jedermann benutzt werden dürften.

Information bibliographique publiée par la Deutsche Nationalbibliothek: La Deutsche Nationalbibliothek inscrit cette publication à la Deutsche Nationalbibliografie; des données bibliographiques détaillées sont disponibles sur internet à l'adresse http://dnb.d-nb.de.
Toutes marques et noms de produits mentionnés dans ce livre demeurent sous la protection des marques, des marques déposées et des brevets, et sont des marques ou des marques déposées de leurs détenteurs respectifs. L'utilisation des marques, noms de produits, noms communs, noms commerciaux, descriptions de produits, etc, même sans qu'ils soient mentionnés de façon particulière dans ce livre ne signifie en aucune façon que ces noms peuvent être utilisés sans restriction à l'égard de la législation pour la protection des marques et des marques déposées et pourraient donc être utilisés par quiconque.

Coverbild / Photo de couverture: www.ingimage.com

Verlag / Editeur:
Presses Académiques Francophones
ist ein Imprint der / est une marque déposée de
OmniScriptum GmbH & Co. KG
Heinrich-Böcking-Str. 6-8, 66121 Saarbrücken, Deutschland / Allemagne
Email: info@presses-academiques.com

Herstellung: siehe letzte Seite /
Impression: voir la dernière page
ISBN: 978-3-8416-2985-2

Copyright / Droit d'auteur © 2014 OmniScriptum GmbH & Co. KG
Alle Rechte vorbehalten. / Tous droits réservés. Saarbrücken 2014

Transition de phases dans les mélanges de liquides

Etude expérimentale d'une transition de phase du mélange critique
1,4-dioxane – eau induite par la présence du sel KCℓ à la saturation

Taoufik Kouissi & Moncef Bouanz

Table des matières

	Page
Introduction générale	1
Chapitre I : Transition des phases	4
I- Introduction	4
II- Descriptions thermodynamiques des transitions de phase	6
1) Introduction	6
2) Phase	6
3) Diagramme de phases	7
4) Classification thermodynamique des transitions de phase	8
a) Les transitions de phase du premier ordre	8
b) Les transitions de phase du second ordre	8
c) Classification de Landau et notion du paramètre d'ordre	9
5) Paramètre d'ordre	10
6) Différents types de transition de phase	10
a) La transition liquide – gaz	10
b) La transition ferromagnétique – paramagnétique	11
c) La transition ordre - désordre dans les alliages	13
d) La transition ferroélectrique – paraélectrique	14
e) Transition supraconducteur – conducteur	15
f) Transition superfluide	17
III- Les modèles relatifs aux transitions de phase	19
1) La théorie de Van der Waals pour la transition liquide – gaz	19
a) Détermination du point critique	20
b) Loi des états correspondants	20
c) Comportement critique prédit par la théorie de Van de Waals	21
2) La théorie du champ moléculaire de Weiss	23
a) Comportement critique prédit par la théorie de Weiss	24
b) Aimantation spontané en champ magnétique nul	25
c) Isotherme critique	26

	d)	Susceptibilité magnétique en champ magnétique nul	26
	e)	La chaleur spécifique	27
3)		Théorie de Landau	28
	a)	Introduction	28
	b)	Comportement critique	28
4)		Théorie d'Orstein-Zernike	32
	a)	Introduction	32
	b)	Fluctuation du paramètre d'ordre	32

IV- Conclusion 34

Références 36

Chapitre II : Les phénomènes critiques 37

I- Introduction 37

II- Exposants critiques 38

   1) Introduction 38

   2) Les exposants critiques 39

      a) L'exposant β 39

      b) L'exposant γ 39

      c) L'exposant δ 39

      d) L'exposant ν 40

      e) L'exposant η 40

      f) L'exposant α 40

   3) Universalité des exposants critiques 41

III- Exposants critiques au sens du Landau 43

   1) Système en équilibre 43

   2) Système hors équilibre 43

IV- Critère de Landau-Ginsburg 43

V- Lois d'échelle et hypothèses d'homogénéité 44

VI- Correction aux lois d'échelle 48

VII- Les liquides binaires critiques 49

1)	Processus de séparation de phase	49
2)	Détermination expérimentale de la courbe de coexistence	54

VIII- Comportements de quelques grandeurs physiques   55

1)	Chaleur spécifique	56
2)	Longueur de corrélation	56
3)	Susceptibilité	56
4)	Paramètre d'ordre d'un mélange binaire liquide-liquide	57
5)	L'isotherme critique	58
6)	Relations d'amplitudes	58
7)	Viscosité	59
8)	Conductivité électrique	61

IX- Comportement de la relation de Lorenz – Lorentz dans un mélange binaire liquide –liquide   62

X- Conclusion   64

Références   66

Chapitre III : Etude de la conductivité électrique du mélange 1,4-dioxane – eau + KCl saturé   71

I- Introduction   71

II- Techniques expérimentales   71

1)	Mélange 1,4-dioxane – eau + KCl saturé		71
2)	Préparation de l'échantillon		72
	a)	Préparation de l'eau	72
	b)	Le 1,4-dioxane est choix du sel	72
	c)	Caractéristiques	72
	d)	Bain thermostaté	72
3)	Etude de la conductivité électrique		74
	a)	Dispositif expérimental	74
	b)	Mesure de la conductivité électrique	74

III- Courbe de coexistence de la conductivité électrique   75

1) Introduction		75
2) Résultats et analyse		77
a) Température critique		77
b) Résultats de la conductivité électrique		77
c) L'exposent effectif		89
IV- Analyse de la conductivité électrique de la région monophasique		91
1) Introduction		91
2) Température de transition de phase		91
3) Résultats et discussion		91
a) Température de transition de phase		91
b) Conductivité électrique		93
V- Conclusion		100
Références		102

Chapitre IV : Etude de l'indice optique du mélange 111
1,4-dioxane – eau + KCl saturé

I- Introduction		111
II- Techniques expérimentales		112
1) Dispositif expérimental		112
a) Description générale		112
b) Réfractomètre d'Abbe		112
c) Détermination de l'indice optique d'un mélange liquide		114
d) Procédure expérimentale		114
III- Courbe de coexistence de l'indice optique		115
1) Introduction		115
2) Résultats et analyse		115
a) Résultats de mesure		115
b) L'exposant effectif		123
IV- Analyse de l'indice optique dans la région monophasique		125
1) Introduction		125

2) Résultats et discussion		126
V- Conclusion		131
Références		132

Chapitre V : Etude de la densité massique, la viscosité et la réfraction molaire du mélange 1,4-dioxane – eau + KCl saturé ... 139

A- Etude de la densité massique ... 139
  I- Introduction ... 139
  II- Techniques expérimentales ... 139
    1) Dispositif expérimental ... 139
      a) Appareillage ... 139
      b) Description et principe de mesure de la densité massique ... 140
      c) Réglage thermique ... 142
      d) Les constantes d'étalonnage ... 142
    2) Expérience ... 143
  III- Courbe de coexistence de la densité massique ... 144
  IV- Etude de la densité massique dans la région monophasique ... 144

B- Etude de la viscosité ... 149
  I- Introduction ... 149
  II- Viscosité cinématique ... 149
    1) Dispositif expérimental ... 149
    2) Evaluation de la viscosité cinématique ... 152
  III- Viscosité dynamique ou de cisaillement ... 152

C- Etude de la réfraction molaire ... 156
D- Conclusion ... 161
  Références ... 162

Conclusion et perspectives ... 172

Liste des symboles

T : Température.

T_c : Température critique.

P : Pression

P_c : Pression critique.

ρ : Densité massique.

ρ_ℓ : Densité massique de la phase liquide.

ρ_G : Densité massique de la phase gazeuse.

ρ_a : Densité massique de l'air.

ρ_e : Densité massique de l'eau.

M : Paramètre d'ordre.

M_s : Aimantation spontanée.

M_{s0} : Aimantation spontanée à champ magnétique nul.

H : Excitation magnétique.

E : Champ électrique.

P_s : Polarisation électrique spontanée.

V : Volume

κ_T : Compressibilité d'un fluide.

Cv : Chaleur spécifique.

H_{eff} : Champ efficace ou moléculaire.

χ : Susceptibilité magnétique.

Q : Energie interne ferromagnétique.

S : Entropie.

Φ : Potentiel thermodynamique.

h : le champ conjugué.

$G(\vec{r}-\vec{r}')$: Fonction de corrélation.

ξ : La longueur de corrélation.

$t = \dfrac{(T-T_c)}{T_c}$: Température réduite.

G : Energie libre de Gibbs.

g: Energie libre molaire de Gibbs.

μ : Potentiels chimiques.

φ : La fraction volumique.

η : Viscosité.

κ : La conductivité électrique.

κ_{reg} : La partie régulière de la conductivité.

κ_{crit} La partie critique de la conductivité électrique.

$\vec{p}$: Le moment dipolaire d'un atome.

$\vec{E}_{loc}$: Le champ électrique local.

α_p : Polarisabilité.

$\vec{P}$: La polarisation totale.

ε : La permittivité diélectrique.

n : Indice optique.

n_c : Indice optique critique.

R : Réfraction molaire.

d : Dimensionnalité de l'espace.

M_m : Masse molaire moléculaire des constituants du mélange.

m : Molalité du sel.

f : Fréquence des oscillations

Te : Période des oscillations d'un fluide étalon.

T_a : Période des oscillations de l'air.

t' : Durée d'écoulement du liquide.

θ : La correction de Hagen Bach.

E : Le champ électrique influencé par l'électrolyte.

Introduction générale

L'objectif de ce travail consiste à étudier le mélange critique 1,4-dioxane – eau en présence de chlorure de potassium (KCl) à la saturation.

Le mélange binaire 1,4-dioxane – eau en absence du sel, fait l'objet, depuis près de quelques années, de plusieurs études. Par ailleurs l'eau est totalement miscible dans le corps organique 1,4-dioxane ($C_4H_8O_2$). En effet, l'addition d'une quantité de chlorure de potassium à la saturation pour une composition critique en 1,4-dioxane ou en eau, induit une séparation de phase pour une température de l'ordre de 38°C à la pression atmosphérique.

Dans ce travail original, notre objectif consiste à déterminer le comportement critique de ce mélange par plusieurs techniques.

Sur le plan expérimental, depuis plusieurs années, les efforts ont porté principalement sur la mise au point des différentes expériences au laboratoire pour atteindre les objectifs fixés. En ce qui concerne cette étude, nos motivations sont les suivantes :

- Déterminer les courbes de coexistence de ce mélange ternaire critique en conductivité électrique et en indice optique.
- Discuter la validité des différents paramètres d'ordre appliqués à l'électrolyte de base.
- Déterminer les exposants critiques qui régissent les courbes de coexistence ainsi que leurs amplitudes non-universelles.
- Etudier la conductivité électrique, la viscosité dynamique, l'indice optique et la réfraction molaire le long de la courbe de coexistence pour différentes compositions en eau et en 1,4-dioxane en présence du sel à la saturation.

Le **premier chapitre** est dédié, à la présentation de quelques types de transitions de phase qui peuvent être engendrées par l'interaction d'un nombre fini de degrés de liberté.

Nous rappelons quelques modèles théoriques qui traitent ces différentes transitions. En particulier, la théorie de Van der Waals qui est conçue à l'étude des transitions de phase liquide-gaz et la théorie de Weiss qui traite les transitions ferromagnétiques, puis la théorie généralisée de Landau, et enfin la théorie d'Orstein-Zernike qui introduit les effets des fluctuations qui ont été négligés par la théorie phénoménologique de Landau, connue sous le nom de théorie du champ moyen.

Dans le **deuxième chapitre**, nous nous sommes intéressés à l'étude des systèmes subissant une transition de phase à proximité de leurs points critiques.

Dans ce contexte, le paramètre de contrôle est la température réduite notée $t = \dfrac{T - T_c}{T_c}$. Nous définissons aussi les différents exposants critiques décrivant le comportement du système étudié en lois d'échelle.

Les propriétés universelles des transitions de phase de deuxième ordre au sens de la théorie du champ moyen sont examinées en détail. Nous étudions les singularités des fonctions thermodynamiques au point de transition ainsi que le comportement à grande distance de la fonction à deux points. Nous résumons les propriétés d'universalité s'articulant autour de la théorie de Landau.

Nous montrons aussi l'existence des relations entre les différents exposants critiques, appelées lois d'échelle, en se basant sur différentes hypothèses d'invariance d'échelles en physique et homogénéité de certaines fonctions thermodynamiques.

Nous introduisons la notion générale de groupe de renormalisation. Nous montrerons qu'avec les hypothèses formulées, il est possible de calculer les exposants critiques, de trouver les lois d'échelle, les propriétés d'universalité des phénomènes critiques dans les transitions de phase d'un grand nombre de systèmes.

Nous présentons les résultats des calculs théoriques et expérimentaux trouvés dans la littérature, qui nous aident à la compréhension et à l'interprétation de nos résultats expérimentaux. De plus nous représenterons des courbes de coexistence d'un mélange binaire liquide-liquide.

Le **troisième chapitre**, la première partie est consacrée aux différentes mesures de conductivité électrique. En se basant sur la théorie des phénomènes critiques, l'analyse de la courbe de coexistence de la conductivité nous a permis de déterminer les exposants critiques correspondants, la température critiques, les amplitudes non universelles associées au paramètre d'ordre et le diamètre de la courbe de coexistence. Les valeurs des exposants critiques sont comparées avec celles trouvées théoriquement.

Dans une deuxième partie, nous présentons les différentes mesures de la conductivité électrique dans la région monophasique au dessous de la température critique pour différentes compositions en 1,4-dioxane et en eau en présence de chlorure de potassium à la saturation.

Dans le **quatrième chapitre**, nous avons présenté pour le même mélange une technique permettant la mesure de l'indice optique.

Dans une première partie, les différentes mesures de l'indice optique ainsi que la courbe de coexistence correspondante sont présentées. L'analyse de cette courbe nous a permis de déterminer les exposants critiques correspondants, la température critiques et les amplitudes non universelles associées au paramètre d'ordre et le diamètre de la courbe de coexistence. Les valeurs des exposants critiques sont comparées à celles trouvées théoriquement.

Dans une deuxième partie nous présentons les différentes mesures de l'indice optique dans la région monophasique au-dessous de la température critique pour différentes compositions en eau et en 1,4-dioxane et en présence de chlorure de potassium à la saturation.

Le **cinquième chapitre** est consacré à l'exploitation d'autres techniques de mesure de la densité massique et de la viscosité cinématique en fonction de la température. La viscosité dynamique ou de cisaillement est déduite à partir de ces deux grandeurs pour toutes les variables utilisées de température et de composition du mélange. A la fin de ce chapitre nous avons traité l'analyse de la relation de Lorenz- Lorentz en considérant la réfraction molaire thermique.

Chaque chapitre est clôturé par une recherche bibliographique et parfois par des tableaux de résultats sans commentaire. Une conclusion générale et perspectives terminent cet ouvrage.

Chapitre I

Transition des phases

I- Introduction

Dans ce chapitre, nous présentons quelques types de transitions de phase, leurs classifications et nous rappellerons quelques modèles théoriques traitant ces phénomènes.

Les phénomènes de transition de phase représentent une partie de la physique statistique. L'existence des phénomènes de transition de phase du second ordre a été établie pour la première fois sur le gaz carbonique CO_2 par Andrews en 1869 [1]. Celui-ci a mis en évidence le point critique liquide-gaz à l'aide d'une expérience de diffusion de la lumière, par observation du phénomène d'opalescence critique. Trois ans après ces travaux, Van der Waals, pour expliquer ces résultats, a proposé une équation d'état pour les gaz réels qui porte son nom jusqu'à ce jour [2].

Trente ans après, Pierre Curie [3] a découvert la transition ferromagnétique du fer et la loi qui donne la susceptibilité en fonction de la température en relation avec la température de Curie T_c.

Weiss poursuivait les travaux de Pierre Curie pour l'étude du ferromagnétisme en proposant son hypothèse en 1907, les solides ferromagnétiques pouvaient être caractérisés par l'existence d'un champ magnétique interne susceptible d'expliquer la plupart des résultats expérimentaux de l'époque dans ce domaine: c'est l'approche des champs moléculaires [3].

Les travaux sur les alliages métalliques ont conduit Tamman à émettre la première hypothèse en 1919 de l'existence d'une phase ordonnée dans les alliages à basse température.

En 1929 Tamman et Heusler ont observé une anomalie de la chaleur spécifique de la transition ordre-désordre. En 1934 Bragg et Williams ont introduit le concept d'ordre à grande distance et avec lui s'ouvrait la voie de la notion du paramètre d'ordre [2].

L'analogie entre l'équation d'état de Van der Waals et celle des ferromagnétiques avait été rapidement perçue : elle prévoyait des équations analogues pour la ligne de coexistence à proximité du point critique et des comportements semblables pour des grandeurs comme la susceptibilité magnétique et la compressibilité.

Cependant, une théorie quantitative due à Landau [4], était la première à proposer un cadre général fournissant une explication unifiée de ces phénomènes. Son modèle, qui correspond à l'approximation du champ moyen, a donné une bonne description qualitative de transitions dans les fluides et les ferromagnétiques. En 1925 Ising proposait un modèle qui est conçu pour traiter le cas du magnétisme, perfectionné par W. Heisenberg, fut à l'origine de très nombreux travaux généralisant l'approche par les champs moléculaires [2].

L. Onsager [5] a pu résoudre, sans approximation le modèle d'Ising à deux dimensions [6] et les résultats de Guggenheim sur la courbe de coexistence des fluides purs [7], ont prouvé que le modèle de Landau n'est pas quantitativement correct.

Au début des années 60 les notations modernes ont été introduites par Fisher [8]. Plusieurs relations d'échelle parmi les exposants critiques ont été dérivées [9-11] et une forme d'échelle pour l'équation d'état a été proposée [11,13]. Un cadre plus général a été introduit par Kadanoff [14]. Cependant, une compréhension satisfaisante a été atteinte seulement quand les lois d'échelle et d'universalité des phénomènes ont été reconsidérées dans le cadre général en théorie de groupe de renormalisation par Wilson [15-17]. Dans le nouveau cadre, il était possible d'expliquer le comportement critique de la plupart des systèmes et de leurs caractères universels; par exemple, pourquoi les fluides et les antiferromagnétiques uni-axiaux se comportent quantitativement d'une manière identique au point critique?

Au cours de ces dernières années, les phénomènes critiques ont été l'objet des études étendues et beaucoup de nouvelles idées ont été développées afin de comprendre le comportement critique des systèmes de plus en plus complexes.

D'ailleurs, des concepts qui sont apparus pour la première fois dans la physique de la matière condensée ont été appliqués dans différents secteurs de la physique : par exemple la physique de haute énergie, etc [2].

II- Descriptions thermodynamiques des transitions de phase

1) Introduction

Une transition de phase est une transformation du système étudié qui est provoquée par la variation d'un paramètre extérieur, en particulier (température, la pression, champ magnétique,...).

Les forces entre les atomes ou entre les molécules de la matière qui peut être sous deux états condensés (solide et liquide) déterminent la structure de celle-ci et son évolution au cours du temps, c'est-à-dire sa dynamique.

Ce sont les forces intermoléculaires qui contribuent, par exemple, à la cohésion d'un liquide et d'un solide. En effet, dans un solide les interactions entre les moments magnétiques des atomes, lorsqu'elles existent, ou entre les dipôles électriques, contribuent à l'apparition de phénomène comme le ferromagnétisme ou la ferroélectricité.

On peut donc faire intervenir les potentiels intermoléculaires où les interactions entre les particules pour étudier les phénomènes des transitions de phase. On peut aussi s'en tenir à une description à l'aide de la thermodynamique classique pour tenter de déterminer les transitions de phase.

2) Phase

La thermodynamique des transitions de phase provient des concepts thermodynamiques généraux de l'équilibre. L'état thermodynamique, auquel une phase change en une autre phase, à savoir, le point de transition de phase, est décrit en grande partie en termes de thermodynamique d'équilibre. L'étude de la relation entre les concepts de l'équilibre thermodynamique et le phénomène d'un changement de phase de la matière s'articule avec les bases de la théorie de transitions de phase. En thermodynamique classique, les phases sont des corps homogènes de même substance qui existent dans un état d'équilibre et sont distinguées par des paramètres thermodynamiques convenablement choisis.

3) Diagramme de phases

Un corps pur, est un système constitué d'une seule espèce chimique, qui peut exister en équilibre thermodynamique, dans des états physiques différents : gazeux, liquide, solide ; on dit aussi sous différentes phases, lesquelles sont des parties homogènes qui ont même propriétés physiques et chimiques. Le diagramme de phase d'un fluide typique, eau par exemple, est représenté schématiquement par un diagramme de phase dans le plan (P-T) comme indique la *figure* (I-1).
Les branches OA, AB et AC symbolisent la coexistence entre les phases.

La courbe d'équilibre de phase (AC) indiquée par la *figure* (I-1) peut s'arrêter en un certain point C ; appelé point critique (T_c, P_c).

Aux températures supérieures à T_c et aux pressions supérieures à P_c, il n'existe plus de phases distinctes et le corps est toujours homogène. On peut dire qu'au point critique disparaît toute différence entre les phases.

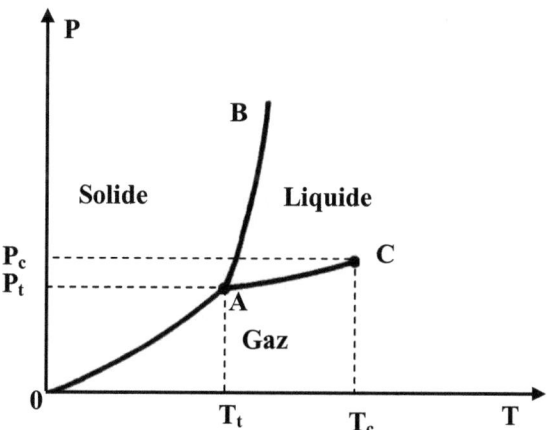

Figure (I-1) : *Diagramme de phases de l'eau avec ses trois états : solide, liquide, gaz dans le plan (température- pression).*

4) Classification thermodynamique des transitions de phase

D'une manière générale, les transitions de phase ne sont pas identiques. On peut dire schématiquement qu'il existe deux classes de transitions : les transitions avec chaleur latente d'une part et les transitions sans chaleur latente. Le physicien P. Ehrenfest, en 1933, proposa une classification des différentes transitions à partir du comportement du potentiel thermodynamique associé (enthalpie libre, énergie libre,…).

a) Les transitions de phase du premier ordre

Les transitions du premier ordre s'accompagnent de discontinuités des grandeurs thermodynamiques, comme l'entropie et la densité massique, associées à des dérivées premières de potentiels thermodynamiques. (C'est le cas de transitions normales subies par l'eau par exemple).

b) Les transitions de phase du second ordre

Dans ce cas, les potentiels thermodynamiques et leurs dérivées premières sont continues et qui s'accompagnent de certaines discontinuités des dérivées secondes de potentiels thermodynamiques (comme la chaleur spécifique). Pour ces transitions, on passe de façon continue d'une phase à l'autre sans que l'on puisse parler de coexistence des deux phases. C'est le cas de beaucoup de transitions en phase condensée comme le ferromagnétique.

On peut généraliser la classification de Ehrenfest de définir des transitions d'ordre supérieur (on parlera de transitions multicritiques). Cependant, bien que la classification de Ehrenfest, a le mérite de mettre en évidence des différences et des similitudes entre diverses transitions, celle-ci se limite à des concepts thermodynamiques insuffisants pour bien comprendre la physique d'une transition. Cela conduit Landau à proposer une autre classification des transitions de phase adaptée aux transitions dites continues.

c) Classification de Landau et notion du paramètre d'ordre

La classification de Landau repose sur le fait que ce type de transition s'accompagne d'un changement de symétrie du système. A basse température, la phase est ordonnée (de basse entropie). En général, elle est moins symétrique que la phase à haute température.

On peut dire que le système a perdu un ou plusieurs éléments de symétrie lors de la transition. La phase ordonnée, étant moins symétrique que la phase à haute température; elle ne peut pas être décrite par les mêmes variables. Il faut introduire une variable supplémentaire pour décrire complètement la phase la moins symétrique. Cette variable supplémentaire devra, à la fois décrire la perte de symétrie du système, mais aussi, en même temps le degré d'ordre acquis par le système, puisque l'apparition de l'ordre va abaisser la symétrie. Cette grandeur associée au changement de symétrie induit par la transition, c'est le paramètre d'ordre (M) introduit pour la première fois par Landau.

La notion de paramètre d'ordre permet alors de classer les transitions de phase de la manière suivante:

- *Les transitions sans paramètre d'ordre* :

Les groupes de symétrie des deux phases sont tels qu'aucun n'est strictement inclus dans l'autre. Il est alors, en effet impossible de définir un paramètre d'ordre. Ces transitions sont toujours du premier ordre au sens d'Ehrenfest, c'est à dire qu'il existe une chaleur latente, mais il est impossible de définir un ordre de la transition au sens de Landau.

- *Les transitions avec paramètre d'ordre* :

Le groupe de symétrie de la phase la moins symétrique (phase ordonnée) est strictement inclus dans celui de la phase de haute température, c'est un sous-groupe du groupe de symétrie de la phase la plus symétrique (phase désordonnée).

Si le paramètre est discontinu au point de transition, on dit que la transition est du premier ordre, si au contraire le paramètre d'ordre est continu, on dit que la transition est du second ordre.

5) Paramètre d'ordre

Les transitions de phase sont alors caractérisées par le comportement du paramètre d'ordre M, il est nul par raison de symétrie dans la phase désordonnée. Lorsqu'il est différent de zéro, il est souvent le signe de brisure de symétrie du système.

Le paramètre d'ordre en général n'a pas de définition exacte, sa nature diffère d'un système à un autre, il peut être un scalaire, un vecteur ou un objet mathématique plus complexe. Pour cela nous désignerons sa dimensionnalité par la variable *n*. Elle vaut 1 pour un scalaire, 3 pour un vecteur, etc [18].

6) Différents types de transition de phase
a) La transition liquide – gaz

La *figure* (I-2) schématise le diagramme de phase d'un fluide pur obtenu en traçant la densité massique en fonction de la température T.

La courbe située entièrement dans la région $T \leq T_c$ est appelée courbe de coexistence. Dans cette région la densité massique passe par deux points d'ordonnées ρ_G et ρ_ℓ, qui sont respectivement les densités massiques du gaz et du liquide purs à la même température et même la pression.

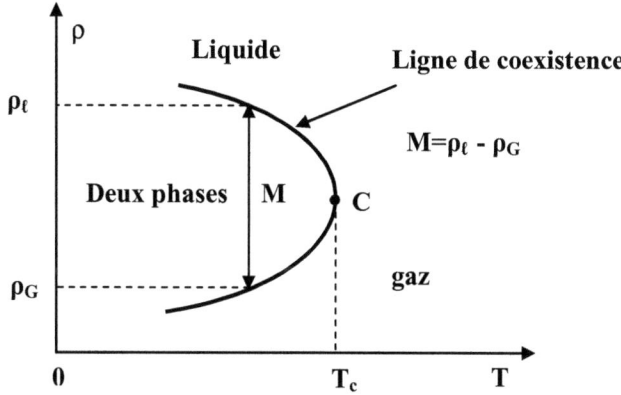

Figure (I-2) : *Diagramme de phase d'un corps pur.*

Pour la transition liquide-gaz, le paramètre d'ordre est la différence entre la densité massique du liquide et celle du gaz, $M = \rho_\ell - \rho_G$. Pour ce système particulier, le paramètre d'ordre n'est pas lié à un changement de symétrie lors du passage d'une phase à l'autre. Au dessus du point critique, le paramètre d'ordre est nul et il n'y a pas de distinction entre la phase liquide et la phase gazeuse. En dessous du point critique, le paramètre d'ordre est positif. Pour ce système le paramètre d'ordre est un scalaire positif ($n=1$) [18].

b) La transition ferromagnétique - paramagnétique

A température trop élevée, certaines substances sont aptes à conserver une aimantation en volume même en absence du champ magnétique appliqué, appelée aimantation spontanée Ms. Ce phénomène disparaît au-dessus d'une température appelée température de Curie.

Ce phénomène peut être représenté par la variation de l'aimantation M_S en fonction de la température T comme l'indique la *figure* (I-3).

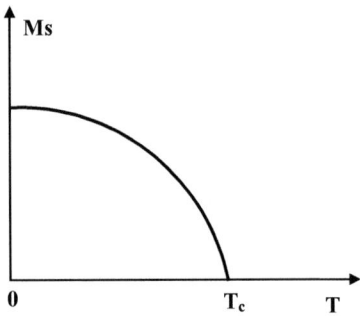

Figure (I-3) : *Variation de l'aimantation spontanée en fonction de la température.*

Dans le diagramme de phase d'un corps ferromagnétique dans le plan (température T, excitation magnétique H) comme indique la *figure* (I-4), l'excitation magnétique joue le rôle de la pression dans la transition liquide - gaz. Le segment [0, T_c] de l'axe des abscisses, en trait gras constitue la ligne de transition. C'est le domaine où l'excitation magnétique appliqué est nulle, l'aimantation spontanée moyenne Ms est non nulle. Le franchissement de la ligne de transition s'accompagne d'une discontinuité de l'aimantation spontanée qui change de signe sans passer par zéro. Au contraire au-delà de T_c, l'aimantation est nulle en l'absence de champ : c'est la phase paramagnétique.

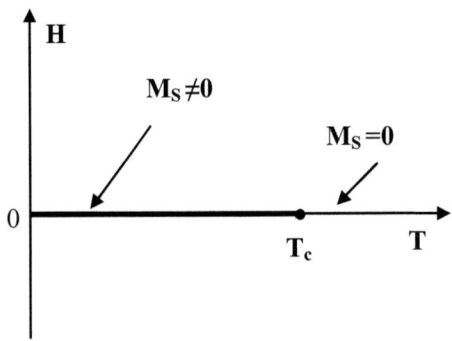

Figure (I-4) : *Diagramme de phase d'un corps ferromagnétique.*

Pour la transition ferromagnétique–paramagnétique, le paramètre d'ordre est l'aimantation M. Elle est différente de zéro au dessous de la température de Curie et nulle au dessus. Pour ce système, le paramètre d'ordre est un vecteur ($n=3$)[18].

c) La transition ordre–désordre dans les alliages

Les transitions ordre-désordre sont caractéristiques des alliages binaires métalliques. Bragg et Williams ont décrit en 1934 une transition qui est observée dans les alliages du type Cu-Zn qui se traduit par l'existence d'un état où ces groupes d'atomes sont ordonnés dans un réseau cristallin. L'alliage comprend autant d'atomes de Cu que d'atomes de Zn. Ils ont montré qu'en dessous d'une température de transition les atomes s'orientent sur deux sous réseau. Les atomes de zinc se trouvent sur un réseau et tous les atomes de cuivre sur un autre. Le réseau ordonné a une symétrie cubique. A la température de transition, on observe un pic de chaleur spécifique caractéristique des transitions de phase du second ordre [2]. Le paramètre d'ordre est le paramètre physique nécessaire pour décrire l'ordre caractérisant la phase la moins symétrique est donné par l'expression suivante [19] :

$$M = \frac{\omega_{Cu} - \omega_{Zn}}{\omega_{Cu} + \omega_{Zn}} \qquad (I\text{-}1)$$

Où ω_{Cu} et ω_{Zn} sont les probabilités de présence d'un atome de cuivre (Cu) ou de zinc (Zn) dans un nœud donné.

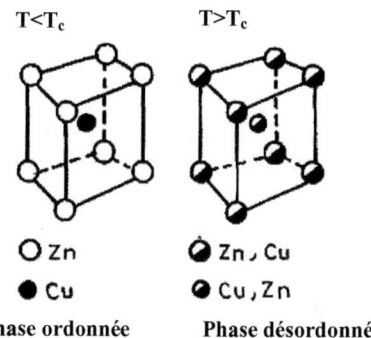

Figure (I-5) : *Transition ordre–désordre dans un alliage cuivre-zinc* [20].

d) La transition ferroélectrique - paraélectrique

En 1921, l'Américain Valasek, a découvert, des propriétés diélectriques anormales dans les cristaux du sel de Rochelle, ou un " sel de la Seignette " (tétrahydrate de tartrate de potassium de sodium) à proximité de 24°C, qui ont été correctement interprétés comme analogues à ceux accompagnant une transition ferromagnétique. Ceci l'a mené à appeler la température à laquelle la constante diélectrique a présenté une crête pointue comme température de Curie.

Après quelques années, Sawyer et Tower ont observé pour la première fois des boucles d'hystérésis dans le plan de polarisation électrique P et le champ électrique E pour le sel de Rochelle. Ceci a confirmé l'analogie avec des transitions ferromagnétiques [20].

En effet, la ferroélectricité est un phénomène qui est dû à l'apparition d'une polarisation électrique en dessous d'une température spécifique dans certains cristaux. En effet, un solide ferroélectrique possède un moment dipolaire macroscopique permanent en absence de champ électrique.

A température élevée les dipôles électriques individuels des ions sont orientés de façon aléatoire dans le solide (phase paraélectrique) puis lorsqu'on abaisse la température, ils subissent une transition à une température appelée aussi température de Curie. En absence du champ électrique les dipôles individuels s'orientent dans une direction commune, le solide devient ferroélectrique : c'est une transition paraélectrique –ferroélectrique [2].

Une des caractéristiques principales d'un ferroélectrique est sa réaction non linéaire à un champ électrique externe. La variation de la polarisation en fonction de la température est donnée par la *figure* (I-6).

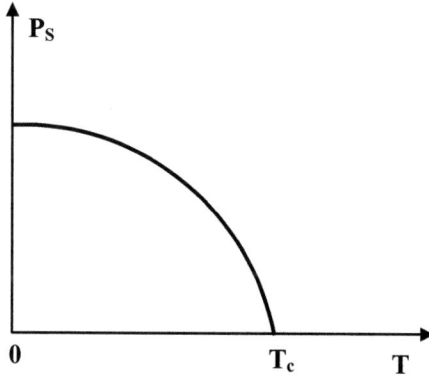

Figure (I-6) : *Variation de la polarisation électrique spontanée en fonction de la température.*

Des transitions ferroélectriques sont habituellement accompagnées des anomalies prononcées près de la température critique dans d'autres propriétés physiques :
- Propriétés structurales (déplacement de certains atomes dans la maille).
- Propriétés thermiques (la chaleur spécifique, conductivité thermique).
- Propriétés élastiques (vitesse et atténuation de son, constantes élastiques).
- Propriétés optiques (indices de réfraction, biréfringence).

Ce phénomène rend les cristaux ferroélectriques utiles dans une variété d'applications. Le paramètre d'ordre dans ce type de transitions et la polarisation électrique $\vec{P}$ [20].

e) Transition supraconducteur-conducteur

Le phénomène de supraconductivité a été mis en évidence expérimentalement dans le cas du mercure en 1911 par Kmerling Onnes. La supraconductivité est un phénomène qui est dû à l'apparition dans un solide conducteur de l'électricité d'un nouvel état où la résistivité électrique s'annule ce qui rend la conductivité infinie à une température T_c.

Le supraconducteur est caractérisé en outre par l'existence d'une résistivité électrique nulle, par des propriétés magnétiques spécifiques. En effet, lorsqu'il est placé dans un champ magnétique, il se comporte comme un diamagnétique parfait où l'induction magnétique H est nulle à l'intérieur du solide supraconducteur (*Figure* (I-7)).

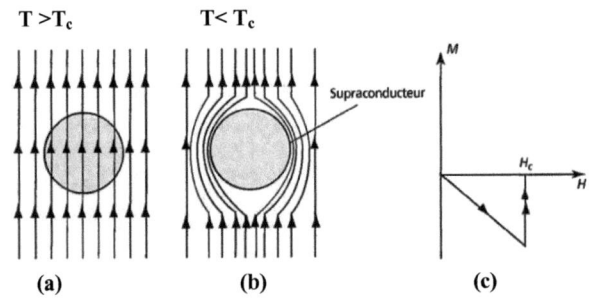

Figure (I-7) : *Supraconducteur de type I. (a) : le solide est un conducteur normal, les lignes de flux y pénétrant. (b) : dans l'état supraconducteur les lignes de flux ne pénètrent pas H=0 dans le solide. (c) : Si H>H_c le solide cesse d'être supraconducteur* [2].

La phase supraconductrice peut par ailleurs être détruite par un champ magnétique excédent une valeur critique H_c dépendant de la température. Cette propriété est connue sous le nom de l'effet de Meissner. On dit aussi que les supraconducteurs sont des matériaux diamagnétiques parfaits.

Le paramètre d'ordre associé à la transition supraconducteur – conducteur est le champ complexe $\psi(\vec{r})$ qui donne la probabilité de trouver une paire de Cooper au point $\vec{r}$. Le paramètre d'ordre est dans ce cas une fonction scalaire complexe (*n*=2) [18]. En absence de champ magnétique appliqué, la transition de phase de l'état conducteur à l'état supraconducteur est continue.

f) Transition superfluide

La découverte du superfluide est l'aboutissement de plusieurs recherches. Le début a commencé par la liquéfaction de l'hélium, réalisée par Kamerlingh Onnes en 1908. Celui-ci parvint, pour la première fois, à liquéfier l'hélium (IV) à 4,2 K sous la pression atmosphérique [2]. Quelques années plus tard, Keesom et Wolfke suggèrent l'existence du phénomène de transition de phase entre deux phases liquides, l'hélium (I) entre 4,2 K et 2,3 K, et l'hélium (II) aux températures inférieures à environ 2,3 K.

En 1930, Keesom et Clausius qui étudiaient l'évolution de la chaleur spécifique de la température, montrèrent que la chaleur spécifique présentait un pic à 2,19 K. La forme de ce pic rappelant la forme de la lettre λ, comme indique la *figure* (I-8).

En 1935, Burton montra que la viscosité de l'hélium (II) est nettement inférieure à celle de l'hélium (I), puis en 1936, Keesom et Keesom observent que la conductivité thermique de l'hélium vers 1,5 K est très grande à celle du cuivre à la température ambiante. Un an plus tard Kapitza a mesuré la viscosité de l'hélium (II), il observa que l'écoulement de l'hélium (II) s'effectuait sans frottement apparent ce qui à lui permet d'introduire la notion du superfluide pour qualifier le comportement hydrodynamique tout à fait surprenant de l'hélium (IV) liquide à très basse température. C'est London qui avança l'hypothèse que l'apparition du superfluide résultait de la condensation de Bose-Einstein d'atomes d'hélium, et les fondements du superfluide de l'hélium (IV) étaient établis [2].

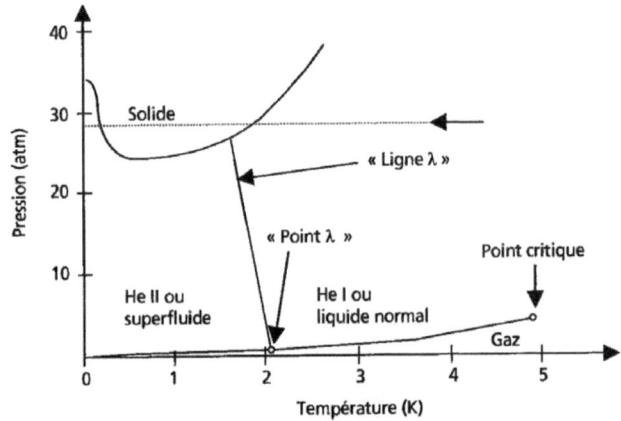

Figure (I-8): *Diagramme de phase de l'hélium (IV)* [2].

La *figure* (I-8) représente le diagramme de phase de l'hélium (IV). On observe que contrairement au plus part des liquides, l'hélium (IV) ne se solidifie pas tant que la pression reste inférieure à 25 atmosphères. L'hélium présente deux phases liquides séparées par une ligne de transition λ correspond à $T_\lambda \approx 2$ K. La transition λ est du deuxième ordre [2].

Dans la transition de superfluide, le paramètre d'ordre est un champ scalaire complexe $\psi(\vec{r})$ qui représente l'amplitude de probabilité de trouver en $\vec{r}$ une particule dans une condensation de Bose. Le paramètre d'ordre dans ce cas, est une fonction scalaire complexe (*n*=2) [18]. La *figure* (I-9) montre qu'au point de transition la chaleur spécifique présente une discontinuité.

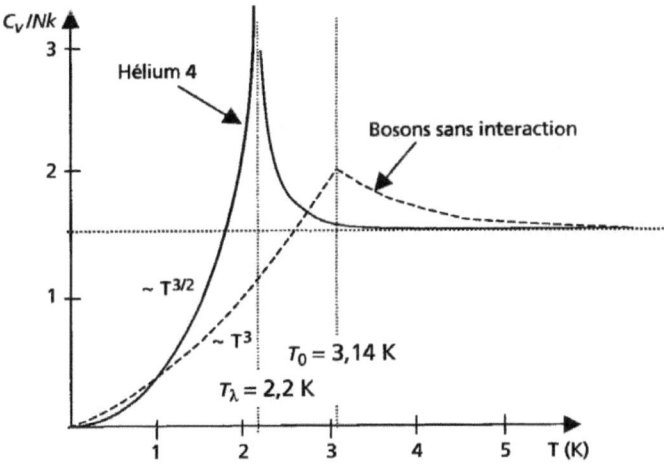

Figure (I-9): *Variation de la chaleur spécifique en fonction de la température au voisinage de la transition* λ [2].

III- Les modèles relatifs aux transitions de phase
1) La théorie de Van der Waals pour la transition liquide- gaz

Suite aux travaux de Mariotte (1620-1684), Gay Lussac (1778-1850) et Charles (1746-1823), l'équation d'état d'un gaz parfait PV = N k_BT s'avère insuffisante pour expliquer la liquéfaction ou la vaporisation. Van der Waals (1837-1923) a proposé d'introduire une équation d'état pour les fluides réels qui relie la pression, la température T et le volume V par la prise en compte des forces de cohésions entre les molécules et tenir compte des extensions spatiales de celles-ci. L'équation d'état est de la forme :

$$\left(P + a\frac{N^2}{V^2}\right)(V - Nb) = N k_B T \tag{I-2}$$

Où k_B est la constante de Boltzmann, a et b sont deux paramètres ajustables au fluide considéré.

En terme de volume par particule v=V/N, l'équation de Van der Waals s'écrit comme suit :

$$\left(P + \frac{a}{v^2}\right)(v - b) = k_B T \qquad (I\text{-}2)$$

a) Détermination du point critique

L'étude des isothermes de Van der Waals met en évidence une isotherme singulière sur laquelle la pression présente simultanément un extremum et une inflexion:

$$\left(\frac{\partial P}{\partial v}\right)_{T=T_c} = \left(\frac{\partial^2 P}{\partial v^2}\right)_{T=T_c} = 0 \qquad (I\text{-}4)$$

L'extrapolation des égalités de (I-4) permet d'obtenir le point remarquable (P_c, V_c, T_c) qui est le point critique, du gaz de van der Waals :

$$V_c = 3b \quad , \quad P_c = \frac{a}{27b^2} \, , \qquad k_B T_c = \frac{8a}{27b}$$

b) Loi des états correspondants

L'équation de Van der Waals peut être exprimée en une forme sans dimensions, en définissant les variables réduites par : $p* = \dfrac{P}{P_c}$, $v* = \dfrac{V}{V_c}$, $t* = \dfrac{T}{T_c}$

Ce qui permet d'écrire encore :

$$t = t*-1 = \frac{T - T_c}{T_c}, \qquad v = v*-1 = \frac{V - V_c}{V_c}, \qquad p = p*-1 = \frac{P - P_c}{P_c}$$

En effet l'équation de Van der Waals peut prendre la forme suivante :

$$\left(p^* + \frac{3}{v^{*2}}\right)(3v^* - 1) = 8t^* \Leftrightarrow p^* = \frac{8t^*}{3v^* - 1} - \frac{3}{v^{*2}} \qquad (I\text{-}5)$$

L'équation (I-5) prend alors la forme :

$$p = \frac{8(t+1)}{3(v+1)} - \frac{3}{(v+1)^2} - 1 \qquad (I\text{-}6)$$

Quand les variables réduites sont utilisées, tous les fluides qui obéissent à l'équation de Van der Waals ont la même équation d'état. Ceci évoque une forme d'universalité des phénomènes critiques.

c) Comportement critique prédit par la théorie de Van der Waals

- *Le long de la courbe de coexistence*

Au voisinage de $T < T_c$, la fonction p(v) a un minimum et un maximum entre lesquels la vapeur et les phases de liquide coexistent. La courbe de coexistence est le lieu des points sur p(v, t) pour lequel $(\partial p/\partial v)_t = 0$, donc la dérivée de l'équation (I-6) par rapport au volume et par simplification, on obtient :

$$-4(1+t) + \frac{(2+3v)^2}{(1+v)^3} = -4(1+t) + \varphi(v) = 0 \qquad (I-7)$$

La fonction $\varphi(v)$ peut être développée d'une série de puissance autour du point critique (v = 0) comme suit:

$$\varphi(v) = \varphi(0) + \frac{1}{1!}\varphi'(0)v + \frac{1}{2!}\varphi''(0)v^2 + \ldots \equiv 4 + 0 + 3v^2 + \ldots \qquad (I-8)$$

En prenant la plus basse puissance de v << 1 dans la fonction $\varphi(v)$ et en la substituant dans l'équation (I-7) nous obtenons :

$$v^2 = v_G^2 = \frac{4}{3}(-t) \Leftrightarrow v_G = 2\sqrt{-t} \sim \left(\frac{T_c - T}{T_c}\right)^{\frac{1}{2}} \qquad (I-9)$$

En utilisant la construction de Maxwell, on montre que $v_G = -v_\ell$ [21] et par suite:

$$v_G - v_\ell \sim \left(\frac{T_c - T}{T_c}\right)^{\frac{1}{2}} ; \text{ Comme } \rho_G - \rho_\ell = N\left[\frac{1}{v_G} - \frac{1}{v_\ell}\right] \sim v_\ell - v_G, \text{ on en déduit:}$$

$$\rho_G - \rho_\ell \sim (T_c - T)^{\frac{1}{2}} \qquad (I-10)$$

Où les indices G et ℓ distingue la phase gazeuse de la phase liquide.

- *Sur l'isotherme critique*

A $T = T_c$, le comportement de p(v), comme l'est indiqué par l'équation (I-6), correspond à l'isotherme critique (t = 0). Encore nous pouvons faire un développement en série de puissance de p(v) autour du point critique nous obtenons:

$$p \approx \frac{3}{2}\left(\frac{V - V_c}{V_c}\right)^3 \Leftrightarrow \left(\frac{P - P_c}{P_c}\right) \sim \left(\frac{V - V_c}{V_c}\right)^3 \qquad (I-11)$$

Et par suite :

$$\left(\frac{P-P_c}{P_c}\right) \sim \left(\frac{V-V_c}{V_c}\right)^3 \qquad \text{à } T=T_c \qquad (I-12)$$

- *Compressibilité*

La compressibilité d'un fluide est définie par $\kappa_T=(1/V)(\partial V/\partial P)$, alors à proximité du point critique s'écrit comme : $\kappa_T \approx -\left(\frac{1}{P_c}\right)\left(\frac{\partial v}{\partial p}\right)_T$

Et par suite :

$$\kappa_T^{-1} \approx -P_c \left(\frac{\partial p}{\partial v}\right)_T \qquad (I-13)$$

La dérivée de la fonction p=f(v) donnée par l'équation (I-6) devient :

$$\frac{\partial p}{\partial v} = -3\frac{8(1+t)}{2+3v} + 2\frac{3}{(1+v)^3} \qquad (I-14)$$

- Pour $T > T_c$ et pour $v \ll 1$ donc on obtient:

$$\frac{\partial p}{\partial v} = -6t \qquad (I-15)$$

En remplaçant (I-13) dans (I-14), on obtient pour $T > T_c$:

$$\kappa_T = \begin{cases} \dfrac{1}{6}\dfrac{T_c}{P_c}(T-T_c)^{-1} & \text{Pour } t \to 0^+ \\ \dfrac{1}{12}\dfrac{T_c}{P_c}(T_c-T)^{-1} & \text{Pour } t \to 0^- \end{cases} \qquad (I-16)$$

- *Chaleur spécifique*

Puisque la chaleur particulière est définie par $C = T(dS/dT)$, où S est l'entropie, et celle-ci peut être donnée en termes d'énergie libre par $S = -(\partial F/\partial T)$, on montre que [20] :

$$C_v \approx C_0 + 3Nk_B\left(\frac{T}{T_c}\right) + ... \quad \text{Pour } T < T_c \qquad (I-17)$$

D'autre part pour $T>T_c$; $v=0$ on a alors : $C_v \approx C_0$

Donc la chaleur spécifique de Van der Waals à proximité du point critique présente un saut égale à :

$$\Delta C_v(T_c) = 3Nk_B \qquad (I-18)$$

2) La théorie du champ moléculaire de Weiss

Afin d'interpréter la transition ferromagnétique, Weiss a proposé en 1907 un modèle phénoménologie connu sous le nom de la théorie du champ moléculaire. Ce modèle présente une forte analogie avec la méthode utilisée en physique des liquides pour obtenir une équation d'état, comme l'équation de Van de Waals. Il consiste à remplacer toutes les interactions subies par une particule dans le solide (atomes, molécules, électrons) par un champ unique appelé champ moléculaire [2], tend à produire un arrangement parallèle des dipôles atomiques, ce champ efficace ou moléculaire se compose de deux contributions [20] :

$$\mathbf{H}_{eff} = \mathbf{H} + a\mathbf{M} \qquad (I-19)$$

Le champ externe est un champ additionnel qui est proportionnel à l'aimantation, le coefficient a étant une constante.

Nous considérons un système constitué de N moments magnétiques élémentaires (par unité volume unitaire) sur un réseau tridimensionnel. Si les dipôles peuvent être orientés seulement dans l'une des deux directions possibles correspondants (vers le haut ou vers le bas), par exemple, au spin $S = \pm 1/2$ ou plus généralement, dans le cas du modèle d'Ising (paramètre d'ordre unidimensionnel), il y a seulement deux valeurs possibles pour l'énergie d'interaction de chaque dipôle simple et du champ effectif.

$$\omega_i = \begin{cases} +\omega = (\mathbf{H} + a\mathbf{M})\mu \\ -\omega = (\mathbf{H} + a\mathbf{M})\mu \end{cases} \qquad (I-20)$$

Avec μ est le moment magnétique du dipôle atomique.

La fonction de partition pour un dipôle est donnée par :

$$Z = \sum_i \exp(-\omega_i / k_B T)$$

Par conséquent, le nombre des dipôles vers le haut (+) ou vers le bas (-), selon la mécanique statistique élémentaire, est donné par :

$$N_1 = N(+) = (N/Z)\exp(\omega/k_B T)$$

$$N_2 = N(-) = (N/Z)\exp(-\omega/k_B T)$$

L'aimantation est donnée par :

$$M = (N_1 - N_2)\mu = N\mu \frac{\exp(\omega/k_B T) - \exp(-\omega/k_B T)}{\exp(\omega/k_B T) + \exp(-\omega/k_B T)}$$

$$= N\mu \tanh\left(\frac{(H + aM)\mu}{k_B T}\right) \quad (I\text{-}21)$$

On pose Ms = $N\mu$, cette grandeur représente l'aimantation à la saturation, l'équation (I-21) devient:

$$M = Ms \tanh\left(\frac{(H + aM)\mu}{k_B T}\right) = Ms \tanh\left(\frac{(H + aM)}{aN\mu} \frac{T_c}{T}\right) \quad (I\text{-}22)$$

C'est l'équation d'état pour le ferromagnétique. La solution générale de cette équation peut être obtenue graphiquement [2] et on obtient:

- En champ magnétique nul, au-dessus d'une certaine température critique $T_c = \frac{aN\mu^2}{k_B}$, la seule solution correspondante à une aimantation M = 0, correspond à la phase paramagnétique.

- Au dessous de T_c, la solution correspond à une aimantation non nulle M≠0 correspond à la phase ferromagnétique.

Pour T = T_c, le champ extérieur n'est pas nul [3], on peut constater qu'en plus de l'apparition d'une aimantation spontanée à T = T_c. Il n'existe plus de température critique car on a toujours une aimantation permanente. A la température T_c (température de Curie) on a une transition de phase ferromagnétique - paramagnétique.

a) Comportement critique prédit par la théorie de Weiss

Comme nous avons mentionné précédemment, l'équation (I-21) représente une équation d'état M = M (H, T). Il est facile d'obtenir directement à partir cette équation d'état explicite H = H (M, T) comme suit :

$$H = \left(\frac{T}{T_c}\right) aN\mu \tanh^{-1}\left(\frac{M}{N\mu}\right) - aM \quad (I\text{-}23)$$

Pour un magnétique faible et pour une aimantation M << $N\mu$, on peut développer en série de puissance, la fonction $\tanh^{-1}\left(\frac{M}{N\mu}\right)$, on obtient :

$$H = \left(\frac{T}{T_c}\right) a N\mu \left[\left(\frac{M}{N\mu}\right) + \frac{1}{3}\left(\frac{M}{N\mu}\right)^3 + \frac{1}{5}\left(\frac{M}{N\mu}\right)^5 + \ldots\right] - a N\mu \left(\frac{M}{N\mu}\right) \quad \text{(I-24)}$$

b) Aimantation spontanée en champ magnétique nul

Pour H = 0, nous pouvons obtenir l'aimantation spontanée $M_S(T)$, au moyen de l'équation (I-23), en résolvant l'équation suivante :

$$\frac{T}{T_c} = \frac{(M_S/M_{S0})}{\tanh^{-1}(M_S/M_{S0})} \quad \text{(I-25)}$$

Au voisinage de T_c, pour un champ magnétique nul, l'aimantation est faible de telle sorte que l'on peut développer $\tanh^{-1}$ dans l'équation (I-25) en série de puissance, on obtient :

$$\frac{T}{T_c} \approx \frac{(M_S/M_{S0})}{(M_S/M_{S0})\left[1 + \frac{1}{3}(M_S/M_{S0})^2 + \ldots\right]} \quad \text{(I-26)}$$

Figure (I-10): *Courbes d'aimantation M_S (H) pour un ferromagnétique à différentes températures. Pour $T < T_c$, l'aimantation présente une discontinuité quand le champ magnétique change de signe. Cette discontinuité n'existe plus pour $T > T_c$. Avec M_0 l'aimantation à champ nul*

Et par conséquent :

$$\frac{T}{T_c} \approx 1 - \frac{1}{3}\left(\frac{M_S}{M_{S0}}\right)^2 \quad \text{(I-27)}$$

Ce qui donne encore :

$$\frac{M_S}{M_{S0}} \approx \sqrt{3}\left(\frac{T_c - T}{T_c}\right)^{\frac{1}{2}} \quad \text{Pour } T \leq T_c. \tag{I-28}$$

Au voisinage de T_c l'aimantation spontanée se comporte donc comme :

$$M_S \sim (T_c - T)^{\frac{1}{2}} \tag{I-29}$$

La *figure* (I-3) montre la variation de l'aimantation spontanée en fonction de la température T_c qui est identique à celle décrite par la courbe de coexistence du gaz de Van der Waals.

c) Isotherme critique

De même, pour $T = T_c$, l'équation (I-24) donne :

$$H \approx aN\mu \frac{1}{3}\left(\frac{M}{N\mu}\right)^3 \tag{I-30}$$

Le champ magnétique se comporte comme :

$$H \sim M^3 \tag{I-31}$$

C'est un résultat identique à celui obtenu pour un gaz de Van der Waals.

d) Susceptibilité magnétique en champ magnétique nul

d_1 / *Pour $T > T_c$; $M_S=0$*

$$\frac{1}{\chi} = \frac{1}{4\pi}\frac{\partial H}{\partial M} \approx \frac{1}{4\pi}\left[\frac{T}{T_c}aN\mu\left(\frac{1}{N\mu}\right) - aN\mu\left(\frac{1}{4\pi}\right)\right] = \frac{a}{4\pi T_c}(T - T_c) \tag{I-32}$$

Ce qui donne la loi de Curie-Weiss :

$$\chi = \frac{C}{T - T_c} \tag{I-33}$$

Avec :

$$C = \frac{4\pi T_c}{a} \tag{I-34}$$

Et T_c, la température de Curie.

d_2 / Pour $T < T_c$; $M_S = 0$.

En tenant compte de l'équation. (I-28) :

$$\frac{1}{\chi} \approx \frac{1}{4\pi}\left[\frac{T}{T_c}a N\mu\left\{\left(\frac{1}{N\mu}\right)+\frac{1}{3}\times 3\left(\frac{M_S}{M\mu}\right)^2\frac{1}{N\mu}+...\right\}-aN\mu\left(\frac{1}{4\pi}\right)\right] \quad (I\text{-}35)$$

Donc l'équation (I-35) peut s'écrire sous la forme :

$$\frac{1}{\chi}=\frac{1}{4\pi}a\left[3\times\left(1-\frac{T}{T_c}\right)-\left(1-\frac{T}{T_c}\right)\right]=\frac{2a}{4\pi T_c}(T_c-T)) \quad (I\text{-}36)$$

Ce qui est entièrement analogue à l'équation (I-33) mais avec un coefficient deux fois plus grand.

Donc la susceptibilité diverge au point critique, elle se comporte comme :

$$\chi \sim (T-T_c)^{-1} \quad (I\text{-}37)$$

e) La chaleur spécifique

L'énergie interne ferromagnétique Q en champ magnétique nul peut être écrite comme suit [20] :

$$Q(T)=-\frac{1}{2}He_{ff}M_S(T)=-\frac{1}{2}aM_S^2(T) \quad (I\text{-}38)$$

Puis, la chaleur de transition est donnée par:

$$\Delta Q = Q(T_c)-Q(0)=\frac{1}{2}aM_{S0}^2=\frac{1}{2}aN^2\mu^2=\frac{1}{2}Nk_BT_c \quad (I\text{-}39)$$

En utilisant l'équation (I-22) l'entropie de transition, peut s'écrire:

$$\Delta S = -a N^2\mu^2 \int_1^0 \left[\tanh^{-1}\left(\frac{M_S}{N\mu}\right)\frac{1}{T_c}\right]d(M_S/N\mu)$$

$$= Nk_B \int_1^0 [x\tanh^{-1}x]dx = Nk_B\left[x\tan^{-1}x+\frac{1}{2}\ln(1-x^2)\right]_0^1 = Nk_B Ln2 \quad (I\text{-}40)$$

où $x=\frac{M_S}{N\mu}$. Le saut dans la chaleur spécifique à $T = T_c$, est lié à la disparition de la polarisation spontanée, c'est à dire:

$$\Delta C(T_c)=T_c\left(\frac{dS}{dT}\right)_{Tc}=T_c\left[-\frac{1}{2}a\left(\frac{dM_S^2}{dT}\right)\frac{1}{T_c}\right] \quad (I\text{-}41)$$

En tenant compte de $\dfrac{dM_s^2}{dT} = -\dfrac{3N^2\mu^2}{T_c}$ et de l'équation (I-27), on obtient:

$$\Delta C(T_c) = \dfrac{3}{2} Nk_B \qquad (I\text{-}42)$$

La chaleur spécifique à $T > T_c$ (où l'aimantation spontanée devient nulle) est finie, pour un ferromagnétique de Weiss. La *figure* (I-11) montre que la chaleur spécifique présente une discontinuité au point de transition.

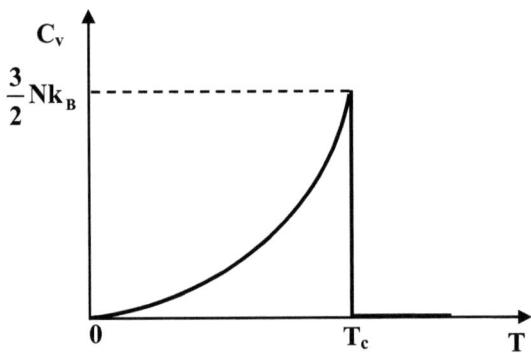

Courbe (I-11) : *Variation de la chaleur spécifique C_v en fonction de la température.*

3) Théorie de landau

a) Introduction

La théorie de Landau des transitions de phase continues est une généralisation des idées du champ moléculaire de Weiss et de la théorie d'Ornstein-Zernike des corrélations dans un fluide au voisinage du point critique. Il a proposé en 1937, une formulation plus générale de la théorie des phénomènes critiques fournissant ainsi un cadre où pouvaient rentrer plusieurs systèmes physiques [2,4].

La théorie de Landau s'intéressait aux transitions de phase liées aux modifications de la symétrie des cristaux, caractérisées par un changement continu de l'ordre dans le système.

b) Comportement critique

Une théorie générale [1] de transitions de phase a été développée par Landau en 1937 qui a établi le cadre conceptuel pour une partie considérable des travaux théoriques sur les transitions de phase. La théorie proposée permet d'appréhender l'essentiel des idées physiques relatives aux transitions de phase.

La théorie de Landau suppose que le potentiel thermodynamique Φ (énergie libre généralisée) peut être développée comme une série de puissance du paramètre d'ordre M à proximité du point critique, dont le champ conjugué est donné par [4]:

$$h = \frac{\partial \Phi}{\partial M} \qquad (I-43)$$

Au voisinage de la température critique, nous pouvons distinguer deux cas, champ de disparition et champ de non disparition.

Premier cas : h=0 (champ nul)

Pour des raisons de symétrie, le potentiel thermodynamique vérifie que:
$\Phi(M,h) = \Phi(-M,-h)$

Alors nous pouvons maintenir seulement les puissances d'ordre pair dans le développement de la série de Φ en termes de paramètre d'ordre M :

$$\Phi(M,h) = \Phi_0 + \frac{1}{2}AM^2 + \frac{1}{4}BM^4 + \frac{1}{6}CM^6 + ... \qquad (I-44)$$

Avec A=A(T), B et C sont des constantes pratiquement dépendantes de la température.

La condition d'équilibre thermodynamique qui correspond au minimum du potentiel thermodynamique Φ:

$$\frac{\partial \Phi}{\partial M} = 0 \text{ et } \frac{\partial^2 \Phi}{\partial^2 M} > 0 \qquad (I-45)$$

Ce qui permet d'écrire :

$$[AM + BM^3 + CM^5] = M(A + BM^2 + CM^4) = 0 \qquad (I-46)$$

Ou encore.

$$A + 3BM^2 + 5CM^2 > 0 \qquad (I-47)$$

En tenant compte du fait que le coefficient d'ordre supérieur C, doit être positif ($C \geq 0$) pour que le potentiel $\Phi(M,h)$ soit être stable à des valeurs plus élevées de M [20], nous pouvons conclure à partir des équations (I-46) et (I-47) que :

$$\text{Pour } T > T_c \rightarrow M_0 = 0 \rightarrow A > 0 \qquad (I-48)$$

Et pour $T < T_c \to M_0 \neq 0 \to A$ (I-49)

Puisque nous ne connaissons pas de l'avance de signe de A pour $T < T_c$, toutes fois nous pouvons étudier quelles contraintes dues aux différentes valeurs possibles du signe du coefficient B, puisque C > 0. Nous pouvons distinguer trois possibilités pour $T < T_c$.

(i): $B > 0 \to M_0^2 = -A/B \to A < 0$ (I-50)

(ii): $B = 0 \to M_0^4 = -A/C \to A < 0$ (I-51)

(iii): $B < 0 \to M_0^2 \approx \dfrac{1}{2C}\left[-B \pm (B^2 - 4AC)^{\frac{1}{2}}\right] \to A < \dfrac{B^2}{4C}$ (I-52)

La première possibilité (i) correspond à un point critique ordinaire, puisque $A > 0$ pour $T > T_c$ et $A < 0$ pour $T < T_c$, A s'écrit :

$$A = a(T - T_c) + ...$$ (I-53)

En négligeant l'ordre supérieur à proximité de T_c, et compte tenu des équations (I-50) et (I-51) :

$$M = (a/B)^{\frac{1}{2}}(T_c - T)^{\frac{1}{2}}$$ (I-54)

Ceci est analogue à celle décrit par la courbe de coexistence du gaz de Van der Waals et l'aimantation dans les transitions ferromagnétiques.

Deuxième cas (b): $h \neq 0$ (champ non nul)

Dans ce cas, le champ h conjugué au paramètre d'ordre doit satisfaire la condition suivante [20] :

$$\dfrac{\partial \Phi}{\partial M} = -h$$ (I-55)

Et par conséquent, nous pouvons écrire :

$$\Phi(M,h) = \Phi_0 + \dfrac{1}{2}A(T - T_c)M^2 + \dfrac{1}{4}BM^4 + \dfrac{1}{6}CM^6 ... - Mh$$ (I-56)

A l'équilibre thermodynamique nous pouvons écrire :

$$\dfrac{\partial \Phi}{\partial M} = 0, \quad \dfrac{\partial^2 \Phi}{\partial^2 M} > 0$$ (I-57)

En conséquence :

$$h = A(T - T_c)M + BM^3 + CM^5 \qquad (I-58)$$

C'est l'équation d'état du système, entièrement analogue à l'équation d'état obtenue par la théorie de Weiss.

Nous allons maintenant étudier le système considéré au voisinage du point critique à l'aide de la théorie de Landau.

Point critique ordinaire:

$B > 0$, $T = T_c$ le comportement du paramètre d'ordre devient :

$$M = (a/B)^{\frac{1}{2}}(T_c - T)^{\frac{1}{2}} \qquad (I-59)$$

Sur l'isotherme critique, on écrit :

$$h = BM^3 \,, \quad M = (B)^{\frac{1}{3}} h^{\frac{1}{3}} \qquad (I-60)$$

La susceptibilité étant définie par: $\chi = \left(\dfrac{\partial M}{\partial H}\right)_T$

- Pour $M = 0$ et $T \to T_c^+$.

$$\chi = \frac{1}{2aT_c}\left(\frac{T-T_c}{T_c}\right)^{-1} \qquad (I-61)$$

- Pour $M \neq 0$ et $T \to T_c^-$

$$\chi = \frac{1}{4aT_c}\left(\frac{T-T_c}{T_c}\right)^{-1} \qquad (I-62)$$

Au voisinage du point critique l'entropie est donnée par:

$$S = -\frac{\partial F}{\partial T} = S_0 - \left[\left(\frac{\partial A}{\partial T}\right)M^2 + A\left(\frac{\partial M^2}{\partial T}\right)\right]_{h=0} = S_0 - 0 \,, \text{ pour } T > T_c \qquad (I-63)$$

$$= S_0 - 2a\left[\frac{-a(T-T_c)}{B}\right] = S_0 + 2\left(\frac{a^2}{B}\right)(T-T_c) \,, \text{ pour } T < T_c$$

La chaleur spécifique est:

$$C_P = T\left(\frac{\partial S}{\partial T}\right)_P = C_{p0}, \text{ pour } T > T_c \qquad (I-64)$$

$$C_p = C_{P0} + 2T\left(\frac{a^2}{B}\right), \text{ pour } T < T_c \qquad (I\text{-}65)$$

Il n'y a aucune divergence à $T = T_c$, mais seulement un saut discontinu entre $(T_c)^-$ et $(T_c)^+$

$$\Delta C_P = C_P(T_c) - C_{p0} = 2T_c\left(\frac{a^2}{B}\right) \qquad (I\text{-}66)$$

La théorie de Landau conduit à une discontinuité de la chaleur spécifique au point critique.

4) Théorie d'Orstein-Zernike
a) Introduction

La théorie de Landau prévoit une divergence de la susceptibilité relative au paramètre d'ordre en $\chi \sim |T-T_c|^{-1}$. Ce résultat suppose que les fluctuations sont négligeables et jouent en réalité un rôle très important. Donc, il est nécessaire de chercher une théorie qui tient en compte l'importance des fluctuations du paramètre d'ordre au voisinage du point critique.

b) Fluctuation du paramètre d'ordre

Entre deux particules définies dans l'espace par leurs vecteur de positions $\vec{r}$ et $\vec{r}'$, il existe une fonction de corrélation $G(\vec{r}-\vec{r}')$ définie par [22]:

$$G(\vec{r}-\vec{r}') = <M(\vec{r})M(\vec{r}')> - M^2 \qquad (I\text{-}67)$$

Lorsque les corrélations entre les fluctuations deviennent importantes, le milieu ne peut plus être considéré comme homogène à l'échelle des fluctuations. Nous pouvons développer le potentiel thermodynamique de Landau en puissance de $M(\vec{r})$ en introduisant l'effet de l'inhomogénéité qui fait intervenir les dérivées du paramètre d'ordre par rapport aux coordonnées : $\nabla M(\vec{r})$.

Par raison de symétrie d'isotropie dans le développement de Φ s'écrit, à pression constante [19] :

$$\Phi(T, M(\vec{r})) \approx \Phi + A'(T) M^2(\vec{r}) + C'(T)(\vec{\nabla}_r M(\vec{r}))^2 + \ldots \qquad (I\text{-}68)$$

où $C'(T)$ est un coefficient positif et constant près de T_c.

Nous poserons C'(T$_c$) = C'. Au point critique A'(T$_c$) = 0 et comme précédemment :
$$A'(T) = a'(T - T_c)$$
La probabilité P(δM) pour que M($\vec{r}$) subisse une fluctuation δM est de la forme :

$$P(\delta M) = \overline{N} \exp\left\{-\frac{1}{k_B T}\int_v d^3r \left[A'(T)(\delta M(r))^2 + C'(T)(\vec{\nabla}_r \delta M(\vec{r}))^2\right]\right\} \quad (I\text{-}69)$$

où N est un facteur de Normalisation.

Dans l'espace q conjugué de r, la probabilité de chaque mode q se factorise, ce qui permet à partir de (I-69) de définir pour les fluctuations $\delta M(q)$ une distribution de probabilité gaussienne :

$$P(\delta M(q)) = \overline{N}\exp\left[-(\delta M(q))^2 / <|\delta M(q)|^2>\right] \quad (I\text{-}70)$$

Pour le calcul, nous utilisons la transformée de Fourier :

$$G(\vec{r}-\vec{r}') = \sum_q\sum_{q'} \exp[I(\vec{q}\,\vec{r}+\vec{q}'\,\vec{r}')<M_q M_{q'}>] \quad (I\text{-}71)$$

Alors l'auto-correlation de M entre q et q' s'écrit:

$$<M_q M_{q'}> = \frac{1}{Z}\int (dM)\, M_q M_{q'} \exp\left\{\frac{-V}{k_B T}\sum_q |M_q|^2 (A'+C'q^2)\right\} \quad (I\text{-}72)$$

où Z est une fonction de partition et V représente le volume de l'échantillon. La résolution de (I-70) donne:

$$<M_q M_{q'}> = \frac{k_B T}{2V(A'+C'q^2)}\delta(q-q') \quad (I\text{-}73)$$

Nous reportons ce résultat dans l'expression de G $(\vec{r}-\vec{r}')$ et dans la limite du volume infini, nous obtenons:

$$G(\vec{r}-\vec{r}') = \frac{k_B T}{2}\int\frac{d^3q}{(2\pi)^3}\frac{\exp(i.\vec{q}(\vec{r}-\vec{r}'))}{(A'+C'q^2)} \quad (I\text{-}74)$$

Le calcul de l'intégrale donne pour A' > 0 :

$$G(\vec{r}-\vec{r}') = \frac{k_B T}{8\pi C}\frac{\exp\left(-(A'/C')^{1/2}(\vec{r}-\vec{r}')\right)}{(\vec{r}-\vec{r}')} \quad (I\text{-}75)$$

Ce résultat montre que les corrélations entre les fluctuations seraient pour

T > T_c décroissantes exponentiellement en fonction de la distance. Il est habituel de mesurer la " taille " des corrélations par une quantité numérique qui est l'inverse de $|\vec{r}-\vec{r}'|$ dans l'exponentiel. Une telle quantité est appelée " longueur de corrélation" et est notée ξ d'où:

$$G(\vec{r}-\vec{r}') = \frac{k_B T}{8\pi C'} \frac{\exp(-|\vec{r}-\vec{r}'|/\xi)}{|\vec{r}-\vec{r}'|} \quad (I-76)$$

Avec $\xi = \sqrt{\frac{C'}{A'}}$ ou encore:

$$\xi = \begin{cases} \left(\frac{C'}{a'T_c}\right)^{\frac{1}{2}} \left(\frac{T-T_c}{T_c}\right)^{\frac{1}{2}} & \text{pour } T > T_c \\ \left(\frac{C'}{4a'T_c}\right)^{\frac{1}{2}} \left(-\frac{T-T_c}{T_c}\right)^{\frac{1}{2}} & \text{Pour } T < T_c \end{cases} \quad (I-77)$$

Au point critique la longueur de corrélation diverge comme:

$$\xi = \xi_0^{\pm} \left(\frac{T-T_c}{T_c}\right)^{-1/2} \text{ (Au sens de Landau)} \quad (I-78)$$

$\xi_0^+ = \left(\frac{C'}{a'T_c}\right)^{\frac{1}{2}}$, $\xi_0^- = \left(\frac{C'}{2a'T_c}\right)^{\frac{1}{2}}$ et $\xi_0^+/\xi_0^- = \sqrt{2}$.

La longueur de corrélation caractérise le rayon d'une sphère où les fluctuations de corrélations moléculaires prennent une taille unique et homogène.

IV- Conclusion

Les théories des transitions de phase que nous venons de présenter ne traitent pas les mêmes systèmes physiques (sauf la théorie de Landau qui est générale et traite n'importe quel système) conduisent aux mêmes comportements des fonctions thermodynamiques et prévoient une discontinuité de la chaleur spécifique.

La tentative de Landau de décrire la transition à l'aide d'un paramètre d'ordre pourrait être la théorie unifiée des phénomènes de transition de phase appelée théorie du champ moyen. Cette théorie ne prédit pas les bons comportements critiques, elle aboutit à des singularités au point critique. En effet elle s'appuie sur des approximations qui négligent toutes les fluctuations, qui ont été pris en compte par la théorie d'Orstein-Zernike. Cependant, il est nécessaire d'analyser la validité du modèle de Landau, en se basant sur le critère de Landau-Ginsburg qui sera présenté au chapitre (II).

Références

[1] T. Andrews, *Phil. Trans. R. Soc.* **159**, 575 (1869).

[2] P. Pierre, L. Jacques, H. E. M. Paul, *Physique de transitions de phase concepts et applications* Dunond (2000).

[3] P. Curie, *Ann. Chim. Phys.* **5**, 289 (1895).

[4] L. D. Landau, *Phys. Z. Sowjetunion* **11**, 26; 545 (1937).

[5] L. Onsager, *Phys. Rev.* **65** 117 (1944); *Nuovo Cimento* (Suppl.) **6**, 261 (1949).

[6] E. Ising, *Z. Phys.* **31**, 253 (1925).

[7] E. A. Guggenheim, *J. Chem. Phys.* **13**, 253 (1945).

[8] M. E. Fisher, *J. Math. Phys.* **4**, 278 (1963).

[9] J. W. Essam, M. E. Fisher, *J. Chem. Phys.* **38**, 802 (1963)

[10] D. S. Gaunt, M. E. Fisher, M. F. Sykes, J. W. Essam, *Phys. Rev. Lett.* **13**, 713 (1964).

[11] B. Widom, *J. Chem. Phys.* **41**, 1633 (1964).

[12] C. Domb, D. L. Hunter, *Proc. Phys. Soc.* **86**, 1147 (1965).

[13] B. Widom, *J. Chem. Phys.* **43**, 3898 (1965).

[14] L. P. Kadanoff, *Nuovo Cimento* **44**, 276 (1966); *Physics* **2**, 263 (1966).

[15] K. G. Wilson, *Phys. Rev. B* **4**, 3174 (1971).

[16] K. G. Wilson, *Phys. Rev. B* **4**, 3184 (1971).

[17] K. G. Wilson, J. Kogut, *Phys. Rep.* **12**, 77 (1974).

[18] Ch. Ngô, H. Ngô, *Physique statistique* $2^{\text{éme}}$ édition Dunod (1995).

[19] L. D. Landau et E.M. Lifshitz, *Physique statistique*, Edition Mir, Moscou (1967).

[20] J. A Gonzalo, *Effective Field Approach to Phase Transitions and Some Applications to Ferroelectrics* (2nd Edition) .World Scientific Lecture Notes in Physics, Vol. 76 (2006).

[21] N. Goldenfeld, *Lecture on phase transitions and the renormalistion group*, by Perseus Book Publishing 1992.

[22] H. E. Stanley. *Introduction to phase transitions and critical phenomena*, Clarendon Press. Oxford, 1971.

Chapitre II

Les phénomènes critiques

I- Introduction

Le champ des phénomènes critiques est un domaine de recherche qui s'étend pendant plus d'un siècle. Le plus important des ces phénomènes, c'est la découverte de l'universalité du comportement critique: les détails microscopiques du système deviennent sans importances à proximité du point critique pour les exposants et les fonctions d'échelles qui caractérisent les comportements des fonctions thermodynamiques et des fonctions de corrélations [1-6].

La compréhension de la nature des systèmes près d'un point critique représente une borne limite dans l'évolution de la physique de la matière condensée. Les modèles récents des phénomènes critiques sont d'une part les modèles statistiques simples et ceux utilisant les groupes de renormalisation (RG) [7-12]. Les phénomènes critiques dans un grand nombre de divers systèmes ont été étudiés. Les idées de l'universalité semblent également être applicables aux transitions de phase dans les fluides complexes: les polymères et les solutions de polymères, les cristaux liquides, etc. Les grandes fluctuations, la susceptibilité aux perturbations externes et les structures macroscopiques sont caractéristiques pour tous les systèmes.

Les idées concernant un état critique étaient les points de départ pour toutes les expériences d'Andrews relatives à la compression et la liquéfaction de l'anhydride carbonique, ainsi que l'équation d'état dérivée de celle de Van der Waals, plus d'un siècle [1]. La disparition du ferromagnétisme au-dessus de la température de Curie a été notée [13,14]. Plus tard plusieurs autres systèmes ont été étudiés comme les antiferromagnétiques, les cristaux liquides, etc. Des propriétés critiques ont été aussi appliquées pour les fluides purs et les mélanges liquides [2-6].

La théorie de phénomènes critiques a comme objet la description des transitions de phase continues et du second ordre, dans des systèmes macroscopiques, comme les transitions liquide-gaz, de séparation de phase dans les mélanges binaires critiques, de l'hélium superfluide et les transitions magnétiques. Ces transitions sont caractérisées par des comportements collectifs à grande échelle à la température critique T_c. Par exemple la longueur de corrélation, qui caractérise l'échelle de distance sur laquelle des comportements collectifs sont observés, devient infinie.

Prés de la température T_c, ces systèmes font apparaître deux échelles de longueur différentes, une échelle microscopique liée à la taille des atomes, la maille du cristal où la portée des forces d'interactions et la seconde échelle engendrée par un mécanisme dynamique: il s'agit de la longueur de corrélation [15].

II- Exposants critiques
1) Introduction

Au voisinage d'un point critique certaines grandeurs physiques varient différemment selon qu'on est :

- au voisinage immédiat du point critique où la variation est singulière.
- loin du point critique où la variation est régulière.

La variation singulière est décrite généralement par des lois de puissance avec des exposants non nécessairement entiers, on les appelle lois d'échelle.

On introduit une variable qui représente la variation relative de la température par rapport à la température critique :

$$t = \frac{(T - T_c)}{T_c} \qquad \text{(II-1)}$$

L'intérêt de définir la variable t de cette manière est de rendre équivalents les points critiques de systèmes différents. En effet, tous les systèmes ont à $T=T_c$ la température réduite est nulle $t = 0$

Au voisinage du point critique toute fonction thermodynamique F(t) peut s'écrire sous la forme:

$$F(t) = At^\lambda \left(1 + Bt^y + ...\right) \qquad \text{(II-2)}$$

Avec y > 0. L'exposant critique λ associé à toute quantité physique F(t) (chaleur spécifique, susceptibilité, longueur de corrélation, etc.) est donné par:

$$\lambda = \lim_{t \to 0} \frac{\text{Ln}|F(t)|}{\text{Ln}|t|} \qquad (\text{II-3})$$

Si λ est négative, F(t) diverge au point critique, si elle est positive, F(t) tend vers zéro. Dans le cas où $\lambda = 0$, correspond à une divergence logarithmique [16].

$$F(t) = A|\text{Ln}t| + B \qquad (\text{II-4})$$

2) Les exposants critiques

Les exposants critiques, ne sont pas quelconques, ils permettent de définir des classes de phénomènes critiques qui regroupent des systèmes de natures différentes.

On définit six principaux exposants critiques α, β, γ, ν, δ et η. Leur notation est due à Fisher [17].

a) L'exposant β

L'exposant β est associé au paramètre d'ordre, pour $t \to 0^-$:

$$M \sim (-t)^\beta \qquad (\text{II-5})$$

b) L'exposant γ

A proximité du point critique, des fluctuations importantes du paramètre d'ordre. La susceptibilité pour un champ magnétique nul (H=0) :

$$\chi \sim \begin{cases} |t|^{-\gamma} & \text{Pour } t \to 0^+ \\ |t|^{-\gamma'} & \text{Pour } t \to 0^- \end{cases} \qquad (\text{II-6})$$

c) L'exposant δ

Sur l'isotherme critique ($T = T_c$) :

$$H \sim |M|^\delta \qquad (\text{II-7})$$

d) L'exposant ν

Les corrélations des fluctuations du paramètre d'ordre deviennent importantes et s'organisent à l'intérieur d'une sphère de rayon ζ appelée longueur de corrélation. Elle suit une loi en puissance de t, ce qui permet de définir l'exposant critique ν.

$$\xi = \begin{cases} \xi_0 t^{-\nu} & \text{Pour } t \to 0^+ \\ \xi_0 |t|^{-\nu'} & \text{Pour } t \to 0^- \end{cases} \qquad \text{(II-8)}$$

e) L'exposant η

En utilisant des arguments théoriques, Fisher a proposé une modification de la théorie d'Ornstein-Zernike (relation : I-75) en introduisant un exposant $\eta \neq 0$ pour tenir compte de la courbure à grande distance de la fonction de corrélation, qui devient alors [12] :

$$G(r,\xi) \sim \frac{1}{r^{d-2+\eta}} \exp\left(\frac{-r}{\xi}\right) \qquad \text{(II-9)}$$

Où ξ est la longueur de corrélation.

f) L'exposant α

Pour un fluide binaire, la chaleur spécifique à volume constant s'exprime comme suit:

$$C_v \sim \begin{cases} A(t)^{-\alpha} & \text{Pour } t \to 0^+ \\ A'(-t)^{-\alpha'} & \text{Pour } t \to 0^- \end{cases} \qquad \text{(II-10)}$$

Les valeurs expérimentales et théoriques de α et α' sont toujours faibles; généralement elles sont comprises entre 0 et 0,2. Le modèle d'Ising à deux dimensions qui conduit à l'expression [18] :

$$C_v \approx A \operatorname{Ln}|t|^{-1} \quad \text{pour } |t| \to 0 \qquad \text{(II-11)}$$

Dans le *tableau* (II-1), on présente les différents exposants critiques des transitions de phase, les transitions liquide-gaz et les transitions ferromagnétique-paramagnétique.

Transition liquide- gaz		Transition ferromagnétique-paramagnétique	
Chaleur spécifique à volume constant	$C_v \sim \|t\|^\alpha$	Chaleur spécifique (H=0)	$C_H \sim \|t\|^\alpha$
Différence de densité liquide-gaz	$(\rho_\ell - \rho_G) \sim (-t)^\beta$	Aimantation (H=0)	$M \sim (-t)^\beta$
Compressibilité isotherme	$\kappa_T \sim \|t\|^\gamma$	Susceptibilité (H=0)	$\chi_T \sim \|t\|^\gamma$
Isotherme critique (t=0)	$P - P_c \sim \|\rho_\ell - \rho_G\|^\delta$	Isotherme critique (t=0)	$H \sim \|M\|^\delta$
Fonction de corrélation (t=0)	$G(r) \sim \dfrac{1}{r^{(d-2+\eta)}}$	Fonction de corrélation (t=0)	$G(r) \sim \dfrac{1}{r^{(d-2+\eta)}}$
Longueur de corrélation	$\xi \sim \|t\|^{-\nu}$	Longueur de corrélation	$\xi \sim \|t\|^{-\nu}$

Tableau (II-1) : *Compatibilité des exposants critiques avec certaines transitions de phase.*

3) Universalité des exposants critiques

La région critique est caractérisée par des fluctuations à grande échelle du paramètre d'ordre, qui représentent l'origine des singularités ou des comportements non analytiques dans diverses propriétés thermodynamiques et de transport. La nature de ces anomalies est indépendante des détails fins du système et la taille des interactions. Ainsi, pour les systèmes ayant des interactions à courte portée, comme les liquides ou les matériaux ferromagnétiques, les exposants critiques ne dépendent que de la dimensionnalité spatiale d du système et celle du paramètre d'ordre, n c'est-à-dire le nombre de ces composantes de symétrie de l'hamiltonien, etc [2-11, 19, 20]. Ce sont des grandeurs qui caractérisent un système au voisinage d'un point critique et pour tester la validité des modèles physiques. En l'absence de désordre, des interactions moléculaires, des interactions à longue portée et des anisotropies. Si les systèmes possèdent la même valeur de d et n, ils ont des comportements critiques identiques, on dit qu'ils appartiennent à la même classe d'universalité [3, 6-9, 19, 20]. Ces classes d'universalités ont été l'objet de nombreuses études expérimentales [21, 22]. Les mélanges de liquides binaires, les fluides purs, les ferromagnétiques, les alliages binaires, les solutions de polymères, etc, appartiennent à la classe d'universalité d'Ising ($d = 3$, $n = 1$). D'autres systèmes comme la superfluidité de l'hélium appartient à la classe ($d = 3$, $n = 2$). Les ferromagnétiques isotropes de Heisenberg se trouvent dans la classe d'universalité ($d = 3$, $n = 3$). Dans le cas de la transition liquide-gaz, on sait que la température critique dépend du fluide considéré et des interactions entre les atomes. Par contre, si on trace la courbe de coexistence des fluides au point critique, par exemple pour chaque température T, la valeur de la densité massique ρ de chacune des phases dans un diagramme T/T_c en fonction de ρ/ρ_c, comme indique la *figure* (II-1), on observe une courbe dite " universelle " sur laquelle se placent les points expérimentaux correspondants à plusieurs fluides différents. Ainsi aux erreurs d'expériences près, tous les fluides ont les mêmes exposants critiques [22].

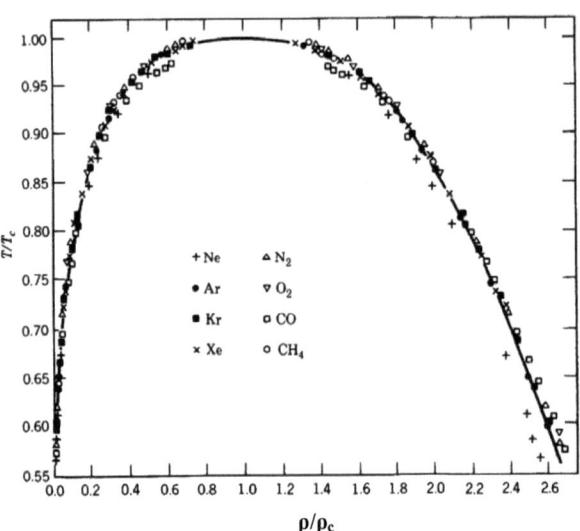

Figure (II-1) : *Courbe de coexistence pour huit fluides purs près du point critique liquide- gaz [22]. Avec ρ/ρ_c représente le rapport de la densité massique à celle de la densité massique critique.*

III- Exposants critiques au sens de Landau

1) Système en équilibre

Un système est dans un état d'équilibre s'il ne présente aucune tendance non compensée à un changement d'état. En thermodynamique, on étudie l'équilibre via des considérations sur les potentiels thermodynamiques. La théorie de Landau des transitions de phase donne des valeurs des exposants critiques entiers ou demi-entiers ou nuls. Ces valeurs sont $\alpha=0$; $\beta=1/2$; $\gamma=1$; $\nu=1/2$; $\delta=3$ et $\eta=0$. Ils forment une série de valeurs dites classiques, qui ont une impressionnante universalité et qu'elles ne dépendent même pas de la dimensionnalité de l'espace d. Si les valeurs classiques sont satisfaites les trois lois d'échelle de Rushbrooke, Widom et Fischer, perturbent nécessairement la loi d'échelle de Josephson et font intervenir la dimensionnalité de l'espace "d".

2) Système hors équilibre

Pour les transitons relatives au présent travail et concernant les liquides, on retrouve dans la littérature [24] certains systèmes soumis à l'action d'un cisaillement de nature hydrodynamique qui perturbe les fluctuations du paramètre d'ordre dans la région critique. Les exposants critiques obtenus sont des exposants du champ moyen : $\beta^*=0,5$; $\gamma^*=1$; $\delta^*=3$.

IV- Critère de Landau-Ginsburg

La théorie de Landau des phénomènes critiques est une théorie qui repose sur une approximation, en supposant que les fluctuations du paramètre d'ordre sont négligeables. Ce qui a conduit Ginzburg à proposer un argument agréable pour montrer que la théorie de champ moyen n'est pas applicable [25].

Il montre que la théorie de champ moyen est correcte quand les fluctuations du paramètre d'ordre sont beaucoup plus petites par rapport à sa valeur moyenne. Réciproquement, si les fluctuations dominent autour de sa valeur moyenne, alors la théorie de champ moyen deviendra incertaine.

La fonction de corrélation de paire se comporte comme [26]:

$$G(\vec{r}-\vec{r}') \sim \frac{a^{d-2}}{|\vec{r}-\vec{r}'|^{d-2}} \exp\left(-\frac{|\vec{r}-\vec{r}'|}{\xi}\right) \qquad \text{(II-12)}$$

Toutes les fois la différence $|\vec{r}-\vec{r}'|$ est de l'ordre de : $\xi = \dfrac{a}{\sqrt{2dt}}$

Où a est la longueur de la maille.

On suppose maintenant que les fluctuations cruciales se produisent à une distance caractérisée par ζ, puis selon la théorie de champ moyen, la taille caractéristique de la fluctuation est :

$$< M(\vec{r})M(\vec{r}')> - <M(\vec{r})><M(\vec{r}')> \sim |t|^{\frac{d}{2}-1} \qquad \text{(II-13)}$$

Cette fluctuation devrait être comparée à la valeur moyenne [26] :

$$<M(\vec{r})><M(\vec{r}')> \sim |t|^{\frac{1}{2}} \qquad \text{(II-14)}$$

La question est de comparer ces relations (II-13 et II-14). On cherche le rapport suivant :

$$\frac{<M(\vec{r})M(\vec{r}')> - <M(\vec{r})><M(\vec{r}')>}{<M(\vec{r})><M(\vec{r}')>} \sim |t|^{\frac{d-4}{2}} \qquad \text{(II-15)}$$

Le critère de Ginsburg fournit une estimation de la largeur de la région critique en évaluant l'importance des fluctuations du paramètre d'ordre autour des valeurs du champ moyen; en dehors de la région critique où les fluctuations sont négligeables et la théorie du champ moyen est correcte. A l'intérieur de la région critique, autour de T_c la théorie de champ moyen est quantitativement incorrecte [27]. Il montre que ces fluctuations sont fonctions de la dimensionnalité d'espace physique "d" et que leur importance croît quand d diminue.

Le critère de Ginsburg fournit de manière très suggestive la dimensionnalité caractéristique $d_c=4$ au-dessous de laquelle la théorie de Landau n'est plus applicable.

V- Lois d'échelle et hypothèses d'homogénéité

L'écart entre les mesures critiques précises et les prévisions des théories classiques a stimulé le développement des nouvelles idées essentiellement pour l'approche théorique aux phénomènes critiques. Le progrès de la théorie a été relié à la compréhension appropriée, comment les lois thermodynamiques nous indiquent le traitement du sujet des transitions de phase ?

En fait, ils ne donnent pas les valeurs définies des exposants critiques; plutôt la théorie thermodynamique d'états d'équilibre, donne des inégalités et sous certaines conditions des égalités, à partir desquelles les relations entre les exposants critiques peuvent être trouvées. Parmi ces raccordements, on trouve l'égalité $\delta = 1 + \gamma/\beta$ présentée par Widom [28].

En même temps d'autres inégalités et égalités entre les exposants critiques, présentées par Fisher et d'autres [29-35].

Widom a proposé l'idée essentielle pour l'approche thermodynamique générale à la description d'échelle de l'état critique; l'idée équivalente était celle de Domb et Hunter [36, 37].

Il est important de se rendre compte que les inégalités reliant les exposants critiques peuvent être obtenues à partir des conditions de stabilité thermodynamiques et s'approprier à des équations thermodynamiques sans introduction des prétentions additionnelles.

Dans ce sens, les inégalités mentionnées sont des relations thermodynamiques générales entre les exposants critiques.

Les expériences précises prouvent la relation de symétrie entre les exposants critiques. Pour $T < T_c$ et $T > T_c$ la relation d'égalité est satisfaite pour ($\alpha = \alpha'$; $\nu = \nu'$; $\gamma = \gamma'$). Ces résultats expérimentaux ont joué un rôle important dans le développement ultérieur de la théorie des phénomènes critiques.

Les hypothèses d'homogénéité de Widom montrent que les fonctions thermodynamiques comme les potentiels de Gibbs (ou autre) et l'équation d'état sont des fonctions homogènes généralisées [36]. A la différence des théories classiques qui imposent des restrictions fortes au comportement thermodynamique possible de la propriété de l'homogénéité est tout à fait flexible et donc, applicables à tout résultat expérimental sur les lois asymptotiques de puissance [38].

L'hypothèse de l'homogénéité décrit la possibilité d'obtenir les lois de puissance pour les singularités des grandeurs thermodynamiques et de corrélation près du point critique. En outre une forme générale de l'équation d'état est trouvée. En effet l'équation d'état du ferromagnétisme peut s'écrire comme suit [39]:

$$\frac{H}{M^\delta} = f\left(\frac{t}{M^{1/\beta}}\right) \qquad \text{(II-16)}$$

où f est une fonction qui présente des caractères d'universalité analogues à ceux des exposants critiques.

De la même manière, on peut représenter la fonction de corrélation comme suit [39]:

$$G(r) = \frac{1}{r^{d-2+\eta}} f\left(\frac{r}{\xi}\right) \qquad \text{(II-17)}$$

La dépendance de puissance comme par exemple les équations (II-5) et (II-6) et les relations entre les exposants critiques qui suivent l'hypothèse d'homogénéité s'appellent souvent les lois d'échelles (ou scaling).

En se basant sur les hypothèses d'homogénéité, on trouve les quatre relations entre les exposants critiques [39]:

Relation de Widom : $\gamma = \beta(\delta - 1)$

Relation de Fisher : $\gamma = \beta(2 - \eta)\nu$

Relation de Rushbrooke : $\alpha + 2\beta + \gamma = 2$

Relation de Josphson : $d\nu = 2 - \alpha$

Ces relations permettent de calculer tous les exposants critiques que nous avons définis.

Pour considérer le comportement critique statique et dynamique, on doit connaître trois quantités: deux exposants statiques et un exposant dynamique z [40].

L'approche d'échelles a été également présentée à un niveau quasi-macroscopique par Kadanoff [41]. Il a dérivé les lois d'échelle pour les fonctions de corrélation statiques en employant l'idée de l'invariance d'échelle qui est devenue plus tard la base de l'approche de groupe de renormalisation aux phénomènes critiques.

En 1971 K. Wilson [42] a analysé cette approche dans laquelle, il a démontré comment la transformation de blocs de spins de Kadanoff pourrait être représentée par une formule approximative de récurrence pour les paramètres des variables de bloc. Cette formule de récurrence est une transformation de renormalisation pour les paramètres de la théorie et elle rend possible de calculer pour la première fois les valeurs non classiques des exposants critiques [42]. Plus tard Wilson et Fisher ont montré comment les exposants critiques peuvent être calculés à partir des nouvelles relations exactes en écrivant des développements en ε=d-4.

De cette façon une nouvelle transformation de groupe de renormalisation de Kadanoff-Wilson-Fisher a été présentée [38]. Cette nouvelle théorie de groupe de renormalisation a été appliquée à une variété de problèmes dans les transitions de phase et pour d'autres champs de la physique.

A partir des valeurs présentées dans le *tableau*, (II-2) on peut conclure que les valeurs prédites par le modèle d'Ising sont différentes de celle prédites par les théories classiques. En effet la chaleur spécifique présente une singularité (divergence logarithmique) alors que les théories classiques ne les prévoient qu'un saut. De même l'exposant η n'est pas nul.

Le *tableau* (II-2) illustre les valeurs des exposants critiques obtenus par la théorie du champ moyen et le modèle d'Ising bidimensionnel et tridimensionnel.

Quantités physiques	Exposant critique	Théorie de Landau	Modèle d'Ising	
			d=2	d=3
Aimantation	α	1/2	1/8	0,313±0,004
	δ	3	15	5,200±0,150
Susceptibilité	γ	1	7/4	1,2385±0,0015
	γ'	1	7/4	1,310±0,050
Fonction de corrélation g(r, r')	η	0	1/8	0,039±0,004
Longueur de corrélation ξ	ν	1/2	1	0,643±0,0025
	ν'	1/2	1	—
Chaleur spécifique C	α	0	0	
	α'	0	0	0,104±0,003

Tableau (II-2) : *Comparaison des exposants critiques selon la théorie de Landau et le modèle d'Ising* [25].

VI- Correction aux lois d'échelle

Le domaine de validité des lois asymptotiques des lois d'échelle s'est avéré petit dans les fluides, ce qui a conduit Wegner à modifier la forme des corrections aux lois d'échelle.

Les grandeurs thermodynamiques $f_j(t)$ décrites dans (II-18), se comportement comme une fonction de la température réduite t et peuvent être développée au voisinage du point critique comme suit [43,50]:

$$f_j^\pm(t)\Big|_{t \to 0^\pm} = f_j^\pm(0)\, t^{-\lambda j}\left(1 + a_j^\pm t^\Delta + ...\right) + f_{j,R}^\pm \qquad \text{(II-18)}$$

où les signes (+) et (-) indiquent respectivement la région monophasique et la région bi-phasique, λ_j représente les exposants critiques, $f_j^{\pm}(0)$ les amplitudes correspondantes, $a_j^{\pm}$ les amplitudes contribuant au correction de premier ordre avec un exposant critique $\Delta=0,51$ et $f_{j,R}^{\pm}$ représente le terme non singulier [43].

VII- Les liquides binaires critiques
1) Processus de séparation de phase

Les mélanges liquide-liquide, ou mélanges binaires, sont des exemples du comportement critique des fluides qui ont été étudiés théoriquement et expérimentalement [3,52].

Si nous considérons un fluide comme étant un mélange de plusieurs différents types de particules en interaction, une transition de phase peut se produire et par suite il y a une séparation physique du fluide en des régions contenant différentes concentrations des divers types de particules. L'exemple le plus simple de ce type de transition de phase se produit pour les mélanges binaires.

Il est utile d'abord d'obtenir un certain nombre de relations thermodynamiques applicables à tous les mélanges binaires. L'énergie libre de Gibbs, pour un mélange de fluides composés de n_1 moles de particules de type 1 et n_2 moles de particules du type 2, s'écrit sous la forme [52]:

$$G = G(T, P, n_1, n_2) = n_1\mu_1 + n_2\mu_2 \qquad (II-19)$$

où μ_1 et μ_2 sont respectivement les potentiels chimiques des deux fluides (1) et (2). Les fractions molaires des deux constituants sont respectivement $x_1 = \dfrac{n_1}{n_1+n_2}$ et $x_2 = \dfrac{n_2}{n_1+n_2}$ et par suite $x_1 + x_2 = 1$ et $n_1 + n_2 = n$ est le nombre de mole total. L'état d'un système homogène est décrit par l'énergie libre molaire de Gibbs : $g = G(T, P, n_1, n_2)/n$ et par suite:

$$g = x_1\mu_1 + x_2\mu_2 \qquad (II-20)$$

Ainsi, pour qu'un mélange binaire soit en stabilité chimique, il faut que l'énergie libre molaire de Gibbs doit être une fonction convexe de la fraction molaire [52].

$$\left(\frac{\partial^2 g}{\partial x^2}\right)_{P,T} > 0 \qquad (\text{II-21})$$

Une séparation de phase se produit dans un mélange binaire si les potentiels chimiques sont égaux : $\mu_1^i = \mu_2^s$.

Avec (i) et (s) désignent les phases supérieure et inférieure. Cette égalité des potentiels chimiques entre les deux phases nous donne une condition pour localiser la courbe de coexistence.

A la température $T<T_c$, la fonction g(x) présente une partie convexe, correspondant à des états instables pour lesquels le mélange se sépare en deux phases de fraction x_1^I et x_1^{II} déterminées par la construction de la double tangente. Cette construction traduit l'égalité des potentiels chimiques de chaque constituant dans les deux phases à l'équilibre [52].

Dans la *figure* (II-2-a), nous montrons une représentation de l'énergie libre molaire de Gibbs qui illustre ces diverses propriétés. Elle montre une région où les deux phases peuvent coexister. Les points A et B qui ont une tangente commune sont les points d'équilibre. La région concave au milieu est instable, dans cette région les deux phases, l'une riche en particules de type 1 et l'autre riche en particules de type 2, peuvent coexister. Tandis que $(\partial \mu_2/\partial x_1)_{P,T} < 0$, le mélange binaire sera stable et existera dans une seule phase.

Cependant, si $(\partial \mu_2/\partial x_1)_{P,T} > 0$, le système possède une région instable ce qui provoque la séparation de phase. Le point critique pour cette séparation de phase est donné à l'équilibre par la condition : $(\partial \mu_2/\partial x_1)_{T,P}^C = 0$.

Un schéma de la courbe de coexistence, et la courbe séparant l'état stable de l'état instable est donné par la *figure* (II-2-b). La région en dehors et au-dessus de la courbe de coexistence correspond aux états d'équilibre monophasés. En dessous de la courbe coexistence est la région de coexistence dans laquelle deux états d'équilibre avec différentes concentrations des particules de type 1 et 2 peuvent coexister à la même température. La région hachurée correspond aux états métastables. Ce sont des états monophasés qui ne sont pas dans un état d'équilibre thermodynamique mais sont chimiquement stables [52].

Tous les états monophasés au-dessous de la spinodale sont instables et ne peuvent pas être réalisés en nature. Sur l'isotherme à la température $T' < T_c$, dans la *figure* (II-2-b) et pour $x_1 = 0$, nous avons un système qui est constitué seulement de particules de type 2. Pendant que nous commençons à ajouter des particules de type 1, la concentration des particules de ce type augmente jusqu'à ce que nous obtenons la courbe de coexistence au point M, le système se sépare en deux phases (I) et (II) une dans laquelle les particules de type 1 ont une concentration x_1^I et l'autre dans laquelle les particules de type 1 ont la concentration x_1^{II}.

Lorsque nous augmentons le nombre de particules de type 1 relatives aux particules de type 2, la composition de la phase (II) augmente et la composition de la phase (I) diminue jusqu'à ce que nous atteignions la courbe de coexistence au point N. Au point N, la phase (I) disparaît et nous avons encore un état d'équilibre monophasé de concentration x_1^{II}.

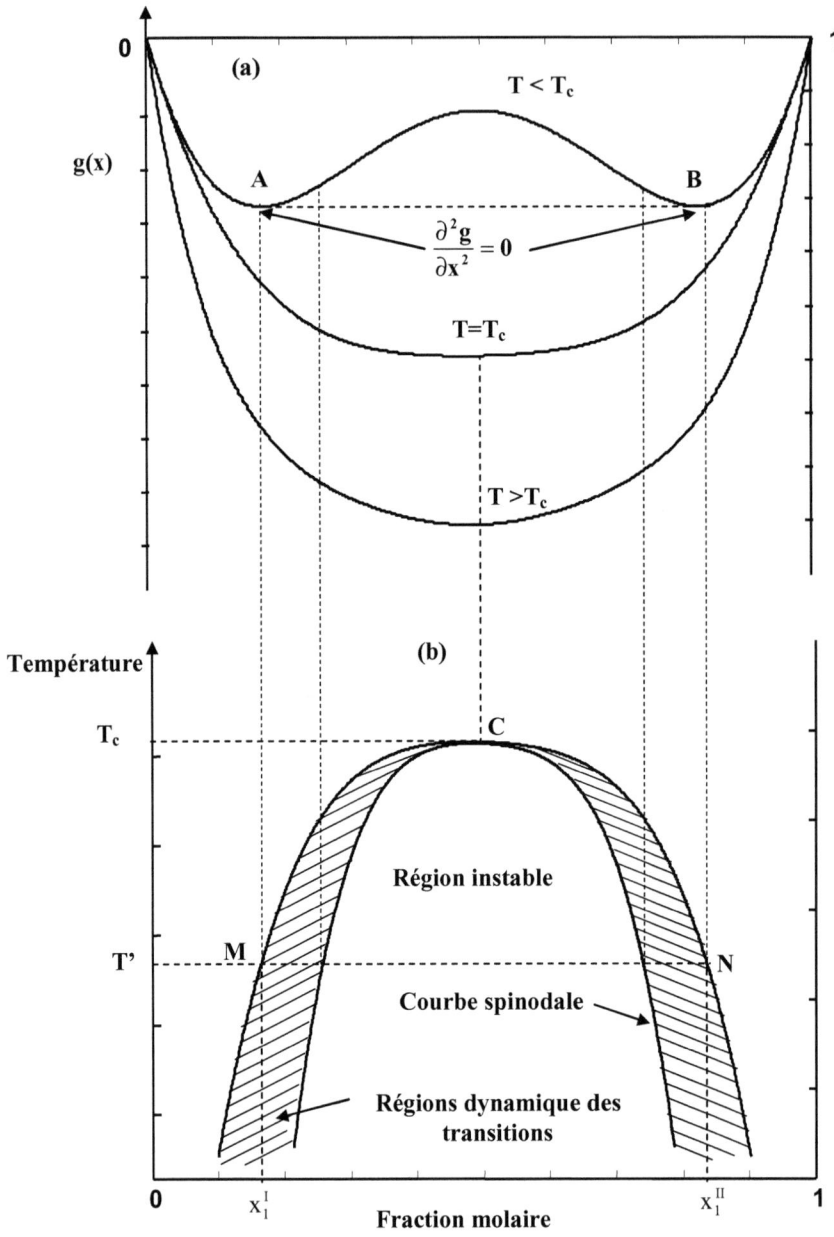

Figure (II-2) : *Décomposition spinodale d'un mélange binaire critique.*

Dans la *figure* (II-3) nous présentons les diagrammes de phase de différents types de mélanges binaires critiques rencontrés et qui sont étudiés expérimentalement.

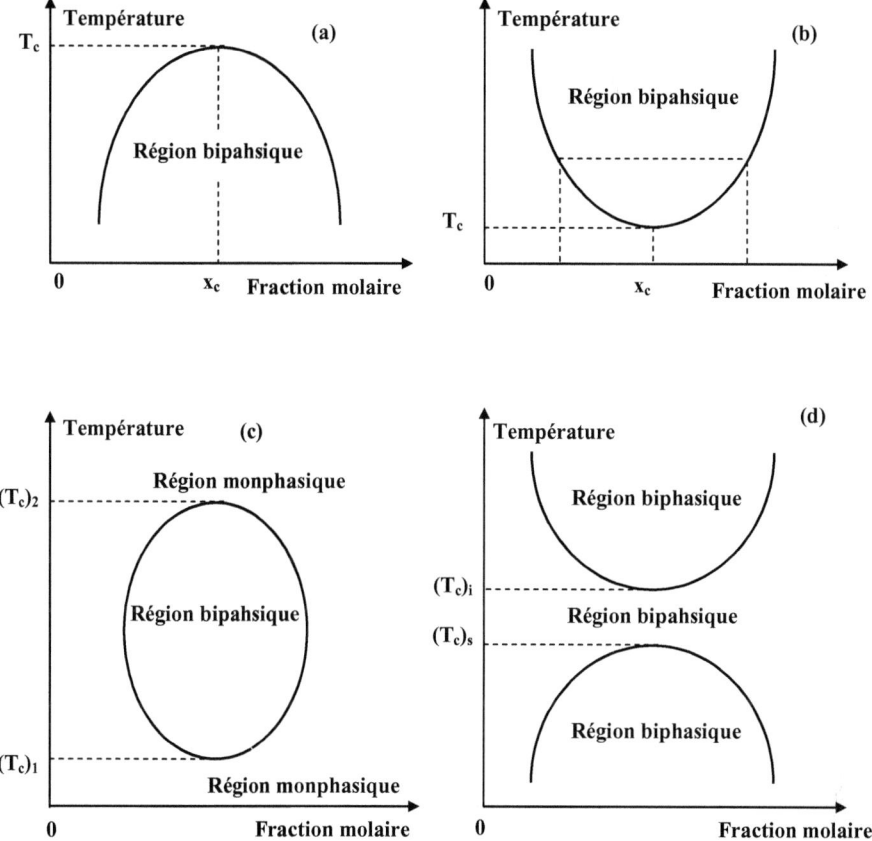

Figure (II-3): *Diagrammes de phase de différents types de mélanges binaires de miscibilité limitée avec: **a)** Un point critique supérieur, exemple : (Acide isobutyrique – Eau), **b)** Un point critique inférieur, exemple : (triméthylamine - eau), **c)** Courbe de coexistence fermée, exemple : (Nicotine-eau, Glycérol-Eau), **d)** Deux régions biphasées séparées par une région monophasée, exemple :(Dioxyde de carbone –Ethane).*

2) Détermination expérimentale de la courbe de coexistence

Il y a quelques méthodes pour obtenir la forme d'une courbe de coexistence d'un mélange binaire critique. La première, est la méthode visuelle [3,53-55] dans laquelle la température critique T_c est définie à la disparition du ménisque. A partir de vingt à quelques dizaines de solutions de diverses concentrations placées dans des cellules de verre, sont placées dans un thermostat transparent pour permettre l'observation. Pour les solutions non critiques, en diminuant la température, la nouvelle phase (ménisque) se forme dans la partie supérieure pour $(x > x_c)$, ou dans la partie la plus inférieure $(x < x_c)$ dans la cellule.

Initialement, le volume de cette nouvelle phase est infinitésimal petit et toute la concentration du mélange correspond à la concentration de l'une des phases cœxistantes. Le volume de la nouvelle phase augmente avec l'abaissement de la température, avec déplacement du ménisque. Dans un mélange critique, le ménisque apparaît au milieu de la cellule, dans ce cas le rapport des volumes des phases cœxistantes ne change pas avec la température.

L'avantage de cette méthode est qu'elle permet directement la détermination expérimentale de la composition critique x_c et la température critique T_c. L'inconvénient de cette méthode est la possibilité des différentes influences de n'importe quelle addition d'une quantité de l'un des constituants du mélange dans les diverses cellules. En outre, pour une température donnée seulement la composition de l'une des phases est déterminée.

Dans la deuxième méthode, les mesures de température dans le mélange sont faites critique dans les phases cœxistantes de la grandeur physique qui permet une détermination de l'état des phases. La plupart des mesures ont été faites en densité massique [56, 59], l'indice de réfraction [57-59], la constante diélectrique [60] et la conductivité électrique [61]. Pour cette méthode, il est nécessaire de connaître la valeur de x_c. À proximité immédiate de T_c, elles peuvent être influencées par l'effet de la gravité terrestre [4]. L'avantage important de cette méthode est que l'expérience peut être réalisée sur un seul échantillon.

La troisième possibilité c'est d'examiner la miscibilité des liquides faites par les méthodes visuelles, dans lesquelles des mesures sont faites en volume de phases coexistantes à la température donnée. Pour les solutions binaires, l'observation de deux échantillons de concentrations totales différentes est suffisante. Des calculs sont alors effectués et fondés sur l'hypothèse [54]:

$$V_c^T = V_c^i + V_c^s \qquad (II-21)$$

Où V_c^T est le volume total de la solution des constituants, V_c^i et V_c^s sont respectivement les volumes occupés par ce constituant dans les phases supérieure et inférieure.

En utilisant l'équation (II-21) et l'application de la définition de la concentration dans la fraction volumique φ mène au système d'équations [54]:

$$\begin{cases} \varphi_1 V_1^T = \varphi^i V_1^T + \varphi^s V_1^s \\ \varphi_2 V_2^T = \varphi^i V_2^T + \varphi^s V_2^s \end{cases} \qquad (II-22)$$

Où: les indices j = 1, 2 décrivent deux échantillons de concentration totale différente φ_j, les indices (s) et (i) réfère respectivement la phase supérieure et inférieure. V_j^T, V_j^i et V_j^s sont respectivement le volume total d'échantillon et les volumes de phases cœxistantes.

Si les mélanges examinés sont dans des tubes de verre de diamètre constant, alors la relation (II-22) peut être écrite sous la forme [54]:

$$\begin{cases} \varphi_1 = h_1 \varphi^i + (1 - h_1) \varphi^s \\ \varphi_2 = h_2 \varphi^i + (1 - h_2) \varphi^s \end{cases} \qquad (II-23)$$

Où $h_j = V_j^i / V_j^T$, la fraction de la hauteur du ménisque.

La solution du système des équations (II-22) et (II-23) détermine la composition des phases cœxistantes dans la fraction de volume pour une température donnée.

VIII- Comportements de quelques grandeurs physiques

Dans ce qui suit nous présentons les comportements de quelques grandeurs physiques dans un mélange binaire critique.

1) Chaleur spécifique

Pour un fluide binaire, la chaleur spécifique à volume constant s'exprime comme suit [43] :

$$C_v = \begin{cases} \dfrac{A^+}{\alpha}(t)^{-\alpha}[1+\alpha a_c^+ t^\Delta + ...] + C_R^+ & t<0 \\ \dfrac{A^-}{\alpha}(-t)^{-\alpha'}[1+\alpha a_c^- t^\Delta + ...] + C_R^- & t>0 \end{cases} \qquad \text{(II-24)}$$

Pour un système magnétique, la chaleur spécifique à excitation magnétique H constante s'exprime sous la forme [43] :

$$C_H = \begin{cases} \dfrac{A^+}{\alpha}(t)^{-\alpha}[1+\alpha a_c^+ t^\Delta + ...] & t<0 \\ \dfrac{A^-}{\alpha}(-t)^{-\alpha'}[1+\alpha a_c^- t^\Delta + ...] & t>0 \end{cases} \qquad \text{(II-25)}$$

Avec $\alpha=\alpha'=0{,}11$ l'exposant critique, C_R^+ et C_R^- représentent les termes non singuliers. Les coefficients A^+, A^-, a_c^+ et a_c^- sont non universels [43].

2) Longueur de corrélation

Pour un mélange binaire la longueur de corrélation peut s'écrire sous la forme [43] :

$$\xi = \begin{cases} \xi_0^+(t)^{-\nu}[1+a_\xi^+ t^\Delta + ...] & t<0 \\ \xi_0^-(-t)^{-\nu'}[1+\alpha a_c^- t^\Delta + ...] & t>0 \end{cases} \qquad \text{(II-26)}$$

3) Susceptibilité

La susceptibilité pour un mélange binaire est la compressibilité osmotique isotherme [43] :

$$k_B T_c \chi = \left(\dfrac{\partial M}{\partial \mu}\right)_{P,T} \qquad \text{(II-27)}$$

Avec : $\mu = \mu_1 - \mu_2$, le champ conjugué du paramètre d'ordre est la différence des deux potentiels chimiques [43] :

$$\chi^\pm = C^\pm t^{-\gamma}\left(1 + a_\chi^\pm t^\Delta + ...\right) \qquad \text{(II-28)}$$

Avec γ, l'exposant critique et $C^\pm$, l'amplitude correspondante.

4) Paramètre d'ordre d'un mélange liquide -liquide

Dans le mélange binaire critique le paramètre d'ordre M est la différence entre la densité massique $\rho^{s,i}$ de l'un des constituants et la valeur de la densité massique critique ρ_c: $M^{s,i} = \rho_{s,i} - \rho_c$. La notation (s) ou (i) réfère respectivement la phase supérieure ou inférieure du ménisque. Il est commode de séparer la variation de M dans les deux parties pour montrer les comportements suivants [43]:

$$\Delta M = \frac{|M^s - M^i|}{2} = Bt^\beta \left(1 + a_m t^\Delta + ...\right) \qquad \text{(II-29)}$$

Avec B l'amplitude de la courbe de coexistence et $\beta=0,325$.

Une propriété très importante de la courbe de coexistence est le comportement de son diamètre. En effet le diamètre moyen de la courbe de coexistence est défini comme suit :

$$M_d = \frac{M^s + M^i}{2} \qquad \text{(II-30)}$$

Pour les fluides binaires, le paramètre d'ordre approprié n'est pas connu, il peut être soit la différence de la fraction massique, la fraction molaire ou la fraction volumique des phases coexistantes, etc. L'expérience montre que la courbe de coexistence est approximativement symétrique dans le plan densité massique - température (ρ, T) et asymétrique dans le plan volume - température (V, T)[62].

D'autre part des arguments théoriques basés sur l'idée [63] montrent que la dérivée du diamètre de la courbe de coexistence par rapport à la température, diverge comme la chaleur spécifique [64]. Cette divergence peut être également expliquée par les hypothèses d'homogénéité généralisées où l'asymétrie du système est prise en compte [65, 66].

D'une façon générale, l'anomalie de $(1-\alpha)$ est observée dans tous les choix du paramètre d'ordre. Les fractions de volume et de masse conduisent à une symétrie apparente de la courbe de coexistence, mais provoquent des contributions significatives 2β au diamètre, qui pourrait masquer l'anomalie de $(1-\alpha)$. Dans ces conditions, on peut s'attendre à un diamètre moyen de la courbe de coexistence qui varie selon la loi [43, 67, 68] :

$$M_d = M_c\left(1 + m_1 t + m_2 t^{1-\alpha} + m_2' t^{2\beta} + ...\right)(1+...) \qquad (II\text{-}31)$$

5) L'isotherme critique

La différence des potentiels chimiques est [43] :

$$\mu = DM^\delta (1+...) \qquad (II\text{-}31)$$

Avec $\delta = \dfrac{\gamma}{b}+1$, est un exposant universel.

La susceptibilité a pour expression:

$$k_B T \chi = C_c \mu^{\frac{-\gamma}{\beta\delta}} = \frac{1}{\delta D^{\frac{1}{\delta}}} \mu^{\frac{-\gamma}{\beta\delta}} \qquad (II\text{-}32)$$

On peut définir l'amplitude critique C_c comme [43] :

$$C_c = \frac{1}{\delta D^{\frac{1}{\delta}}} \qquad (II\text{-}33)$$

Le long de l'isotherme critique $\mu \neq 0$, la longueur de corrélation ξ est définie par la formule :

$$\xi = \xi_0^c \mu^{-\nu_c} \quad \text{Où} \quad \nu_c = \frac{\nu}{\beta\delta}.$$

6) Relations d'amplitudes

On distingue trois types de rapports d'amplitude:

i. Rapport des amplitudes dans les régions homogènes et hétérogènes [43] :

$$\frac{A^+}{A^-} \approx 0,5, \quad \frac{\xi_0^+}{\xi_0^-} \approx 2 \quad \text{et} \quad \frac{C^+}{C^-} \approx 4,5.$$

L'universalité du rapport résulte de la qualité des exposants au-dessus ou ci-dessous de la température critique T_c

ii. Les relations entre amplitudes thermodynamiques résultant à partir de la relation entre les exposants critiques : $R_c^+ = C^+ A^+ / B^2 \approx 0,5$ et $R_\xi^+ = C^+ D B^{\delta-1} \approx 1,7$

iii. Relations entre amplitudes thermodynamiques et celles de la longueur de corrélation.

La loi d'échelle, qui relie la dimensionnalité de l'espace d à α par la relation: $d\nu = 2 - \alpha$, conduit à l'universalité de [43] :

$$R_\xi^+ = \xi_0^+ \left(A^+\right)^{\frac{1}{3}} \approx 0,25 - 0,027.$$

La relation la plus intéressante est :

$$Q_2 = \frac{C^+}{C_c}\left[\frac{\xi_0^c}{\xi_0^+}\right]^{2-\eta} \approx 1,2.$$

On compte en effet une autre relation, qui est une combinaison de R_c^+ et de R_ξ^+ pour un intérêt expérimental, elle s'écrit:

$$R_\xi^+ R_c^{-1/3} = \xi_0^+ \left(\frac{B^2}{C^+}\right)^{\frac{1}{3}} \approx 0,66 \pm 0,01.$$

7) Viscosité

La théorie classique des propriétés de transport suppose que la viscosité des fluides purs ou les mélanges binaires, n'est pas affectée par des corrélations de longue portée près du point critique.

Au voisinage du point critique la théorie de groupe de renormalisation [45] et la théorie de modes couplés [46,47] prévoient dans la limite hydrodynamique que la viscosité de cisaillement η diverge comme :

$$\eta = \eta_0 (Q\xi)^z F \qquad (II\text{-}34)$$

Avec η_0 est la viscosité non critique de mouvement propre, ξ est la longueur de corrélation, z est un exposant critique universel dynamique, qui a la même valeur pour tous les systèmes appartenant à la même classe d'universalité dynamique et Q est une longueur inverse dépendante du système.

En l'absence de l'analyse théorique du comportement critique de la viscosité et d'autres propriétés de transport pour des fluides avec des interactions de longue portée, nous pouvons dire que ces théories sont encore valides pour les mélanges ioniques [69]. L'évaluation théorique pour l'exposant z donne une valeur typique [69, 70]:

z = 0,052 ± 0,002

Dans la littérature [48], sur la base d'un calcul dynamique de groupe de renormalisation, un développement perturbatif dans la limite de (4-d) donne jusqu'à $(4\text{-}d)^2$ une autre valeur de z.

L'inclusion des limites de l'ordre $(4-d)^3$ modifierait cette évaluation de 0,065 à 0,051 [69].

Près du point critique l'amplitude Q peut être écrite comme suit [24, 49]:

$$Q^{-1} = \frac{e^{4/3}}{2}\left(q_c^{-1} + q_D^{-1}\right) \quad \text{(II-35)}$$

Avec q_C est un nombre d'onde dépendant de la température qui détermine la contribution relative du vide et les conductivités thermiques critiques sur le taux d'affaiblissement des fluctuations de concentration. Au point critique q_c est une fonction des valeurs critiques des variables thermodynamiques du système, de la viscosité non critique et de la conductivité thermique [24, 49].

A la concentration critique, la dépendance de la longueur de corrélation en fonction de la température réduite t peut s'exprimer comme suit:

$$\xi = \xi_0 t^{-\nu} F' \quad \text{(II-36)}$$

Avec ξ_0 est l'amplitude de la longueur de corrélation, ν est l'exposant critique associé à la longueur de corrélation et F' est une fonction de "Crossover". En choisissant un développement de Wegner [50] pour la longueur de corrélation on a alors:

$$F' = 1 + at^\Delta + ... \quad \text{(II-37)}$$

Avec Δ=0,5, l'exposant universel de Wegner, et a est un coefficient de correction de l'amplitude du système dépendant de la correction d'échelle. L'équation (II-34) devient :

$$\eta = \eta_0 (Q\xi_0)^z t^{-z\nu}\left(1 + at^\Delta + ...\right)^z \quad \text{(II-38)}$$

La correction dynamique de groupe de renormalisation aux lois d'échelle [71, 72], les coefficients de transport donne à l'expression en viscosité de cisaillement:

$$\eta = \eta_0 (Q\xi_0)^z t^{-y}\left(1 + \tilde{a}t^{\tilde{\Delta}} + ...\right) \quad \text{(II-39)}$$

Avec $\tilde{\Delta} \approx 0,7$ un exposant effectif. Plus généralement à proximité du point critique la viscosité peut s'écrire sous la forme :

$$\eta = \eta_0 (Q\xi_0)^z t^{-y} F \quad \text{(II-40)}$$

Avec $y = z.\nu$, et F la fonction de "crossover" de la viscosité.

Différentes expressions pour la fonction F sont proposées par Bhattacharjee et al.[49] et par Olchowy et al.[73]. Ils donnent des résultats similaires en ajustant la viscosité [74, 75].

8) Conductivité électrique

L'étude des propriétés de transport dans les solutions d'électrolytes s'est révélée être un outil efficace dans l'étude de la structure des entités ioniques et de la nature de leurs interactions. En particulier, il est possible de préciser la nature et les proportions des différentes entités présentes en solution. Une autre propriété de transport aussi importante que la diffusion dans les solutions d'électrolytes, est la conductivité électrique. Elle mesure la réponse du système à la perturbation provoquée par un gradient de potentiel électrique extérieur et peut être facilement évaluée à partir des mesures.

La conductivité électrique κ est la constante reliant le champ électrique à la densité de courant. En effet dans les milieux fluides, toutes les particules sont mobiles, et par conséquent le milieu étant neutre, aux moins deux types porteurs de charge de signes opposés sont simultanément présents. Dans le cas d'un électrolyte fort de type M_pX_q, le vecteur densité de courant dû au déplacement de deux types d'ions M^{z+} et X^{z-}, pour une concentration molaire C s'écrit sous forme :

$$\kappa = C p z_+ F(\mu_+ + |\mu_-|) \quad \text{(II-40)}$$

Où μ_+, μ_- et F sont respectivement les mobilités des ions M^{z+}, X^{z-} et la constante de Faraday.

L'étude de la conductivité électrique d'un mélange binaire critique a déjà commencé depuis longtemps [61, 76-90]. Les mesures de la conductivité électrique pour différents liquides binaires critiques dans les deux phases coexistantes, ont permis d'obtenir la courbe de coexistence en conductivité et de montrer qu'elle constitue un paramètre d'ordre [60, 79, 80, 84]

On trouve dans la littérature que la conductivité électrique dépend de la température réduite t = $(T-T_c)/T_c$ et peut s'écrire sous la forme [76, 80-82]:

$$\kappa = \kappa_{reg} + \kappa_{crit}. \quad \text{(II-41)}$$

Avec κ_{reg} et κ_{crit} sont respectivement la partie régulière et la partie critique de la conductivité électrique. La partie critique peut être décrite comme suit [76, 80-82]:

$$\kappa_{crit} \sim t^{\theta} \qquad \text{(II-42)}$$

Avec $\theta=1-\alpha$ est l'exposant critique effectif associé à l'anomalie de la conductivité électrique.

On associe à la courbe de coexistence en conductivité une équation de la forme [61, 87]:

$$\kappa_{i,s} = \kappa_c \pm B't^{\beta}(1+B_1 t^{\Delta}) \qquad \text{(II-43)}$$

Où κ_c es la conductivité électrique, B' désigne l'amplitude de la courbe de coexistence.

Le coefficient B_1, représente la correction d'échelle apportée à l'amplitude au premier ordre, β et Δ sont des exposants critiques universels.

IX- Relation de Lorenz-Lorentz dans un mélange binaire liquide-liquide

Le moment dipolaire d'un atome et le champ électrique local sont reliés par la relation suivante [91] :

$$\vec{p} = \alpha_p \vec{E}_{loc} \qquad \text{(II-44)}$$

Où α_p est une propriété atomique appelée polarisabilité.

La polarisabilité totale peut habituellement être décomposée en trois types, électronique, ionique et d'orientation (dipolaire).

La contribution électronique provient du déplacement des électrons dans un atome par rapport au noyau, c'est à dire de la déformation des couches électroniques autour du noyau.

La contribution ionique provient du déplacement d'un ion chargé par rapport aux autres ions.

La polarisabilité dipolaire provient des molécules ayant un moment électrique dipolaire permanent qui peut changer d'orientation dans un champ électrique appliqué.

La polarisation totale est donnée par [91]:

$$\vec{P} = \sum_j N_j \vec{p}_j = \sum_j N_j \alpha_{pj} \vec{E}_{loc}(j) \qquad \text{(II-45)}$$

Où N_j est la concentration, α_{pj} est la polarisabilité de l'atome et $\vec{E}_{loc}(j)$ désigne le champ local au site de numéro j.

Nous voulons relier la permittivité diélectrique avec la polarisabilité; ce résultat dépendra de la relation qui se tient entre le champ électrique macroscopique $\vec{E}$, le champ électrique local. A partir de cette relation, nous pouvons dériver dans l'unité (**CGS**) l'équation suivante [91] :

$$\vec{P} = \left(\sum_j N_j \alpha_{pj}\right)\left(\vec{E} + \frac{4\pi}{3}\vec{P}\right) \tag{II-46}$$

Cette équation peut s'écrire autrement :

$$\vec{P} = \chi \vec{E} \tag{II-47}$$

Avec χ est susceptibilité qui s'écrit sous la forme :

$$\chi = \frac{\sum_j N_j \alpha_{pj}}{1 - \frac{4\pi}{3}\sum_j N_j \alpha_{pj}} \tag{II-48}$$

La susceptibilité χ et la permittivité diélectrique ε sont reliées par la relation suivante [91] :

$$\varepsilon = 1 + 4\pi\chi \tag{II-49}$$

La polarisabilité électronique α_{pj} des atomes (j) et la permittivité diélectrique ε d'un milieu isotrope par rapport au vide sont reliées par la relation de Clausius-Mossotti, qui s'écrit dans le système (**CGS**) de la façon suivante [91] :

$$\frac{\varepsilon - 1}{\varepsilon + 2} = \frac{4\pi}{3}\sum_j N_j \alpha_{pj} \tag{II-50}$$

Dans le domaine des longueurs d'onde optiques, la permittivité diélectrique provient presque uniquement de la polarisabilité électronique. Les contributions dipolaire et ionique sont faibles à haute fréquence, à cause de l'inertie des molécules et des ions [91]. Dans le domaine optique, la relation (II-50) se réduit à la relation de Lorenz-Lorentz :

$$\frac{n^2 - 1}{n^2 + 2} = \frac{4\pi}{3}\sum_j N_j \alpha_{pj} \tag{II-51}$$

Dont le but d'estimer le volume occupé par les molécules par mole à l'aide de la réfraction molaire R, la relation de Lorenz –Lorentz peut être reformulée comme suit [92]:

$$R = \frac{(n^2 - 1)}{(n^2 + 2)} \frac{M_m}{\rho} \qquad \text{(II-52)}$$

où M_m et ρ désignent respectivement la densité massique et la masse molaire moléculaire des constituants du mélange. Les équations (II-51) et (II-52) seront appliquées à notre système étudié.

X- Conclusion

Dans ce chapitre, qui est consacré à l'étude des transitions de phase continues près de la région critique. Nous avons présenté les différents exposants critiques ainsi que les différentes grandeurs thermodynamiques qui décrivent le comportement d'un phénomène critique et qui s'écrivent selon une loi de puissance. Nous avons signalé que les exposants critiques ont un bon comportement d'universalité.

En deuxième étape, nous avons montré que les exposants critiques satisfont les relations d'échelles et font intervenir la dimensionnalité *d* du système physique. L'écart entre les valeurs des exposants critiques ainsi trouvées expérimentalement et celles trouvées théoriquement active encore un développement théorique articulé avec la théorie de groupe de renormalisation.

De plus nous avons donné un aperçu sur un domaine plus étendu des mélanges binaires critiques, en présentant les différents types de diagrammes de phases appelés couramment les courbes de coexistences. Les études expérimentales ont cerné certains mélanges binaires critiques qui ont, un point critique supérieur ou inférieur et d'autres ont les deux à la fois. Le processus de transition de phase d'un mélange binaire de liquides peut être expliqué par la décomposition spinodale.

Les études expérimentales montrent que la viscosité présente une anomalie près du point critique, ce qui est confirmé théoriquement par différents modèles. L'étude de la conductivité électrique des mélanges liquides critiques a été faite et celle-ci a montré qu'elle constitue un paramètre d'ordre pour décrire la courbe de coexistence et permettre de déterminer l'exposant critique β et présenter une anomalie prés du point critique.

Dans les mélanges binaires critiques, les fluctuations de concentrations sont de plus en plus importantes lorsque la température s'approche de sa valeur critique. La mesure de ces fluctuations, est faite par la méthode optique.

La détermination de l'indice optique de différentes phases cœxistantes, permet de montrer que l'indice optique constitue un paramètre d'ordre, ce qui permet ainsi de déterminer la relation de Lorenz-Lorentz connaissant la densité massique.

Références

[1] M. S. Green, J. V. Sengers, *Critical Phenomena* (eds.) (NBS Misc. Pub. 273, Washington D.C, 1965).

[2] S. C. Greer, M. R. Moldover, *Annu. Rev. Phys. Chem.* **32,** 233 (1981).

[3] A. Kumar, H. R. Krishnamurthy, E. S. R. Gopal, *Phys. Rep.* **98**, 57 (1983).

[4] J. V. Sengers, J. M. H. Levelt Sengers, *Annu. Rev. Phys. Chem.* **37**,189(1986).

[5] S. C. Greer, *Acc. Chem. Res.* **11**, 427 (1978).

[6] K. S. Pitzer, *Acc. Chem. Res.* **23**, 333 (1990).

[7] D. J. Amit, *Field Theory, Renormalization and Critical Phenomena* (McGraw Hill, New York, 1978).

[8] Shang-Keng. Ma, *Modern Theory of Critical Phenomena* (Benjamin, New York, 1976).

[9] A. Z. Patashinskii, V. L. Pokrovskii, *Fluctuation Theory of Phase Transitions* (Pergamon, Oxford, 1979).

[10] R. J. Binney, N. J. Dowrick, A. J. Fisher, M. E. J. Newman, *The Theory of Critical Phenomena: An Introduction to the Renormalization Group* (Clarendon Press, Oxford, 1992).

[11] K. G. Wilson, J. Kogut, *Phys. Rep.* **12C**, 75 (1974).

[12] M. E. Fisher, *Rev. Mod. Phys.* **46**, 597 (1974).

[13] C. Domb, M. S. Green (eds.), *Phase Transitions and Critical Phenomena* (Academic, New York, 1970) Vol.1.

[14] C. Domb, M. S. Green (eds.), *Phase Transitions and Critical Phenomena* (Academic, New York, 1974) Vol. 3.

[15] E. Ising, *Z. Phys.* 31 (1925).

[16] M. E. Fisher, *The theory of equilibrium critical phenomena, Rep. Prog. Phys.* **30**, 615 (1967).

[17] M. E. Fisher, *J. Math. Phys.* **5**, 944 (1964).

[18] L. Onsager, *Phys.Rev.* **65**, 117 (1944).

[19] J.S. Rowlinson, F.L. Swinton, *Liquids and Liquid Mixtures* (3rd. ed., Butterworths, London, (1982).

[20] J. V. Sengers, J. M. H. Levelt Sengers, *Progress in Liquid Physics*, edited by C. A. Croxton (Wiley, New York, 1978).
[21] R. B. Griffiths, *Phys. Rev. Lett.* **24**, 1479 (1970).
[22] M. Levy, J. C. Le Guillou, J. Zinn-Justin, *Phase transitions*, Cargèse 1980, (Plenum 1982).
[23] E. A. Guggenheim, *J. Chem. Phys.* **13**, 253 (1945).
[24] D. Beysens, M. Gbadamassi, M. Bouanz, *Phys. Rev.* A **28**, 2491 (1983).
[25] H. C. Burstyn , J. V. Sengers , J. K. Bhattacharjee, R. A. Ferrell, Phys. *Rev.* A, **28**, 1567 (1983).
[26] L. P. Kadanoff, *Statistical Physics: Statics, dynamics and Renormalisation*, World Scientific Publishing Co. Pte. Ltd. (2000).
[27] G. Toulouse, P. Pfeuty, *Introduction au groupe de renormalisation et ses applications*, Press Univ. De Grounoble (1975).
[28] K. G. Widom, *J.Chem. Phys.* **41** (6), 1633 (1964).
[29] J. W. Essam, M. E. Fisher, *J. Chem. Phys.* **38** (4), 802 (1963).
[30] M. E. Fisher, *Rep. Prog. Phys.* **30**, 615 (1967).
[31] M. E. Fisher, *Critical Phenomena* ed M S green (Academic , New York 1971).
[32] G. S. Rushbrooke, *J. Chem. Phys.* **39**, 842 (1963).
[33] R. B. Griffiths, *J. Chem. Phys.* **43**, 1958 (1965).
[34] R. B. Griffiths, *Phys. Rev. Lett.* **14**, 623 (1965).
[35] B. D. Josephson, *Proc. Phys. Soc.* **92**, 269 (1967).
[36] K. G. Widom, *J. Chem. Phys.* **43**, 3898 (1965).
[37] C. Domb , D. L. Hunter, *Proc. Phys. Soc.* **86**, 1147 (1965).
[38] K G Wilson, M. E. Fisher, *Phys. Rev. Lett.* **28**, 248 (1972).
[39] D. I. Uzumnov, *Introduction to the theory of critical Phenomena*, World Scientific Publishing (1991).
[40] H. E. Stanley, *Introduction to Phase Transitions and Critical Phenomena* (Oxford, New York, 1971).
[41] L. P. Kadanoff, *Physics* **2**, 263 (1966).
[42] K. G Wilson, *Phys. Rev.* B **4**, 3174 (1971).

[43] D. Beysens, A. Bourgou, P. Calmettes. *Phys. Rev.* A **26**, 3589 (1982).
[44] M. Ley-Koo, M. S. Green, *Phys. Rev.* A 23, 2650 (1981).
[45] P. C. Hohenberg, B. I. Halperin, *Rev. Mod. Phys.* **49** (3), 435 (1977).
[46] K. Kawasaki, *Ann. Phys.* (N.Y.) **61**, 1, (1970)
[47] R. Perl, R. A. Ferrel, *Phys. Rev. Lett.* **29**, 51 (1972).
[48] E. D. Siggia, B. I. Halperin, P. C. Hohenberg, *Phys. Rev.* B **13**, 2110 (1976).
[49] J.K. Bhattacharjee, R. A. Ferrell, R. S. Basu, J. V. Sengers, *Phys. Rev.* A **24**, 1469 (1981).
[50] F. J. Wegne, *Phys. Rev.* B **5**, 4529 (1972).
[51] D. T. Jacobs, D. E. Kuhl, C. E. Selby, *J. Chem. Phys.* **105**, 588 (1996).
[52] L. E. Reichel, *Modern Course In Statistical physics*, A Wiley-Interscience Publication $2^{éme}$ edition (1998).
[53] A. Latos, E. Rosa, S.J. Rzoska, J. Chrape, J. Zioło, *Phase Trans.* **10** (3), 131 (1987).
[54] S.J. Rzoska, *Phase Trans.* **27**, 1 (1990)
[55] D. Beysens, *J. Chem. Phys.* **71**, 6, (1979).
[56] S.C. Greer, *Phys. Rev.* A **14** 1770 (1976).
[57] D.A. Balzarini, *Can. J. Phys.* **52**, 499 (1974).
[58] C. Houessou, P. Guenoun, R. Gastaud, F. Perrot, D. Beysens, *Phys. Rev.* A **32**, (1985).
[59] Jin - Shou Wang, Xue-Qin An, He-Kun Lv, Shou-Ning Chai, Wei-Guo Shen, *Chem. Phys.* **361**, 35 (2009).
[60] J.L. Tveekrem, S.C. Greer, D.T. Jacobs, *Macromolecules*, **21** (1988) 147.
[61] T. Kouissi, M. Bouanz, N. Ouerfelli, *J. Chem. Eng. Data,* **54**, 566 (2009).
[62] J. M. H. Levelt Sengers, *Physica* **73**, 73 (1974).
[63] R. B. Griffiths, J. C. Wheeler, *Phys. Rev.* A **2**, 1047 (1970).
[64] N. D. Mermin, J. J. Rehr, *Phys. Rev. Lett.* **26**, 1155 (1971).
[65] J. F. Nicoll, T. S. Chang, A. Hankey, H. F. Stanley, *Phys. Rev.* B **11**, 1176 (1973).

[66] M. S. Green, M. J. Cooper, J. M. H. Levelt Sengers, *Phys. Rev. Lett.* **26**. 492 (1971).

[67] M.J. Buckingham, *Phase Transitions and critical phenomena*, Volume II édité par C. Domb et M.S. Green (Acad. Press New-York 1972).

[68] N. Nagarajan, A. Kumar, E .S. R. Gopal , S.C. Green, *J. Phys. Chem.* B **4**, 2883 (1980)

[69] A. Oleinikova, M. Bonetti, *J. Chem. Phys.* **104** (8), 3111 (1996).

[70] A. Toumi, N. Hafaidh, M. Bouanz, *Fluid Phase Equilibria*, **278**, 68 (2009).

[71] D. Beysens, A. Bourgou, G. Paladin, *Phys. Rev.* A **30**, 2686 (1984).

[72] D. Beysens, G. Paladin, A. Bourgou, *J. Phys. Lett.* (Paris) **44**, L649 (1983).

[73] G. A. Olchowy, J. V. Sengers, *Phys. Rev. Lett.* **61**, 15 (1988).

[74] R. F. Berg, M. R. Moldover, *J. Chem. Phys.* **55**, 4265 (1971) .

[75] D. Beysens, S. H. Chen, J. P. Chabrat, L. Letameendia, J. Rouch, C. Vaucamps, *J. Phys. Lett.* **38**, L-203 (1977).

[76] Ching-hao Shaw, W.I. Golburg, *J. Chem. Phys.* **65** (11), 4906 (1976).

[77] J. Ramakrishan, N. Nagarajan, A. Kumar, E. S. R. Gopal, P. Chandrasekhar, G. Ananthakrishna, *J. Chem. Phys.* **68** (9), 4098 (1978).

[78] J. Hamelin , T.K. Bose, *Phys. Rev.* A **42** (8) , 4735 (1990).

[79] A. Kr. Chatterjee, D. Lahiri, R. Ghosh, *Jpn. J. Appl. Phys.* **31** (7), 2151 (1992).

[80] A. Oleinokova, M. Bonetti, *Phys. Rev. Lett.* **83** (15), 2985 (1999).

[81] A. Oleinokova, M. Bonetti, *J. Chem. Phys.* **115** (21), 9871 (2001).

[82] A. Oleinokova, M. Bonetti , *J. Sol. Chem.* **31** (5), 397 (2002).

[83] E. Cherif , M. Bouanz, *Int. J. Mol. Sci.* **4**, 326 (2003).

[84] P. Malik, S. J. Rzoska, A. Drozs-Rzoska, *J. Chem. Phys.* **118** (20) 9357 (2003).

[85] E. Cherif , M. Bouanz, *Fluid Phase Equilibria,* **251**, 71 (2007).

[86] E. Cherif , M. Bouanz, *Phys. Chem. Liq.* **44**, 649 (2007).

[87] N. Hadded, M. Bouanz, *Fluid Phase Equilibria* **266**, 47 (2008).

[88] N. Hadded, M. Bouanz, *Phys. Chem. Liq.* **47** (2) 160 (2009)

[89] T. Kouissi, M. Bouanz, *J. Chem. Eng. Data,* **55**, 320 (2010).

[90] E. Cherif, M. Bouanz, *Phys. Chem. Liq.* **48** (1), 7 (2010).

[91] C. Kittel, *Introduction to solid state physics* 8th ed. John Wiley & Sons, Inc. (1998).

[92] C. Romero, B. Gner, M. Haro, H. Artigas, C. Lafuente, *J. Chem. Thermodynamics*, **38**, 871 (2006).

Chapitre III

Etude de la conductivité électrique du mélange 1,4-dioxane – eau + KCl saturé

I/ Introduction

L'isomère 1,4-dioxane $C_4H_8O_2$ est totalement miscible en toutes proportions dans l'eau. L'addition d'une quantité suffisante de chlorure de potassium provoque une séparation de phase dans le mélange binaire 1,4-dioxane-eau pour une température bien déterminée. Cette séparation est due au fait que la permittivité du mélange de solvants varie suivant une gamme étendue ($2,2 < \varepsilon_r < 78,4$), c'est pour cela que le système 1,4-dioxane-eau est favorable pour étudier l'association et les mobilités des ions.

Dans ce chapitre nous présenterons l'étude de la conductivité électrique en fonction de la température du mélange critique 1,4-dioxane - eau + chlorure de potassium des phases coexistantes.

Dans une deuxième étape nous étudierons la conductivité électrique du même mélange dans la région monophasique en fonction de la température en dessous de la température critique ($T < T_c \approx 38°C$).

II/ Techniques expérimentales

1) Mélange 1,4-dioxane – eau + KCl saturé

Pour étudier les différentes courbes de coexistence des mélanges binaires critiques en présence d'ions, nous avons utilisé le mélange "1,4-dioxane - eau + KCl saturé" qui admet un point critique inférieur de l'ordre de $T_c \approx 38\ °C$ et dont les indices de réfractions et les densités massiques sont semblables à la température ordinaire.

Pour $T > T_c$, le mélange binaire critique est constitué deux phases liquides de compositions différentes, séparées par un ménisque qui est une véritable couche capillaire.

Si les pressions de vapeur saturantes sont faibles la phase vapeur est inexistante, la pression peut être considérée comme constante. Les deux phases liquides sont caractérisées par une pression constante, la composition dépend seulement de la température. Il est possible alors d'étudier la miscibilité de deux liquides en fonction de la température (à pression atmosphérique). Si la température T diminue, la composition des deux phases liquides se rapprochent l'une de l'autre.

2) Préparation de l'échantillon
a) Préparation de l'eau

Pour tous les échantillons préparés nous avons utilisé une eau qui a subir plusieurs distillation pour minimiser les impuretés dans le mélange étudié.

b) Le 1,4-dioxane et choix du sel

Le 1,4-dioxane est un liquide incolore ayant une odeur d'éther. Il est également appelé " dioxane " ou " dioxyde de diéthylène ". La symétrie de sa molécule lui confère, un moment dipolaire global nul.

Le 1,4-dioxane est miscible en toutes proportions avec l'eau, ceci est dû à l'hydrogène lié sur les atomes d'oxygène. Le produit commercial a une pureté égale ou supérieure à 99%.

c) Caractéristiques

- Formule brute $C_4H_8O_2$.
- Masse molaire : 88,12g.mol^{-1}.
- Point de fusion 12 °C.
- Point d'ébullition 101 °C.
- A T = 298,15K [1].
  - Densité massique ρ=1,02785 g.cm^{-3}.
  - Densité massique de l'eau ρ_{eau}=1,0688g.cm^{-3}.

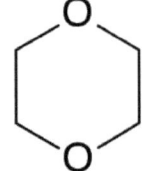

Formule de 1,4-dioxane

- Pour λ=6328 Å [1].
  - n_D=1,4199.
  - n_{Eau}= 1,3483.
- Permittivité relative de l'eau
  ε_r = 78,41 [2].
- Permittivité relative de 1,4-dioxane
  ε_r = 2,21 [2].

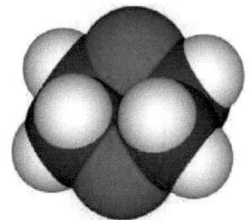

Modèle compact de la molécule 1,4-dioxane

d) Bain thermostaté

L'étude d'un mélange binaire, consiste à maintenir, l'échantillon étudié à une température constante connue avec le plus de précision possible. Pour cela nous avons utilisé un bain thermostaté type "Schott Geräte". Il s'agit d'une cuve parallélépipédique thermiquement isolée de l'extérieur de capacité environ 18 L. La face supérieure est formée d'un couvercle sur le lequel peuvent être fixés diverses accessoires et instruments. La cuve est remplie d'eau bi-distillée afin d'éviter la poussière.

La régulation de la température est assurée à l'aide d'un régulateur équipé d'un circuit réglable de contre-réaction, compensant l'inertie thermique du système du fluide du thermostat. Ce système de contre-réaction est constitué d'une résistance chauffante ayant pour rôle de faire varier ou de choisir le domaine de la température à explorer.

La température du bain est mesurée à l'aide d'un thermomètre à quartz de type « Hewlett Packard » modèle 2804A ayant une échelle digitale à affichage automatique. La résolution du thermomètre est 2×10^{-3}K.

La mesure se fait au niveau d'une sonde contenant un cristal de quartz. Cette sonde est placée aussi près que possible de l'échantillon. La vérification de la température au préalable à l'aide d'un thermomètre à mercure gradué aux centièmes de degrés au point où se trouve effectivement la cellule contenant l'échantillon est nécessaire.

3) Etude de la conductivité électrique
a) Dispositif expérimental

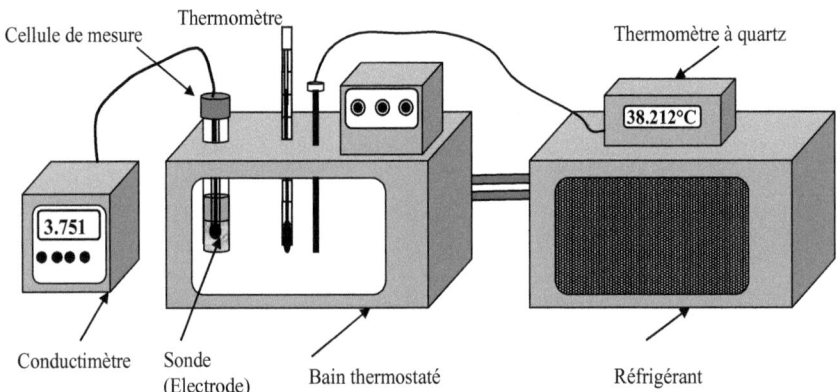

Figure (III-1) : *Dispositif expérimental pour la mesure de la conductivité électrique.*

b) Mesure de la conductivité électrique

La conductivité électrique a été mesurée avec un conductimètre commercial (type Phywe) en utilisant la cellule particulièrement conçue appropriée pour des mesures de conductivité de très faibles valeurs (la constante de la cellule vaut C = 0,875 cm^{-1}). Le conductimètre est calibré avec une solution de KCl de concentration 10^{-3} mol.L^{-1} avec une résolution de l'appareil de l'ordre 1 %. Après le calibrage, la cellule contenant la solution est immergée dans un bain thermiquement stable. La stabilité thermique sur une longue durée de la cellule est de l'ordre 3×10^{-3} °C. Lorsque la température de l'échantillon est stabilisée, les mesures sont faites aussitôt que possible (quelques secondes après) pour réduire tous les effets qui modifieraient les valeurs mesurées (chauffage des échantillons, d'ionisation dans les électrodes…) [3]. On doit atteindre l'équilibre dynamique des phases chaque fois qu'on varie la température de la cellule. La durée nécessaire pour atteindre l'équilibre thermique, dépasse généralement les deux heures.

III/ Courbe de coexistence de la conductivité électrique

1) Introduction

Les transitions de phases liquide-liquide sont conduites par des interactions à courte portée qui appartiennent à la classe d'université tridimensionnelle du modèle d'Ising. Les lois d'échelle en puissance faisant intervenir des exposants critiques universels sont valables seulement dans la région asymptotique près du point critique [4, 5]. En fait dans les mélanges binaires, le paramètre d'ordre M peut être choisi comme : $M_{s,i} = y_{s,i} - y_c$ la différence entre la composition de l'une des deux phases, supérieure (s) ou inférieure (i) et de sa valeur critique y_c. Les indices (s) ou (i) correspondent à la phase au-dessus ou au dessous du ménisque. La température réduite est définie comme suit : $t = \dfrac{T - T_c}{T_c}$. La composition y d'une composante peut être écrite comme suit [6]:

$$y_{s,i} = y_c \pm B_y\, t^\beta (1 + B_1 t^\Delta) + E_y\, t + G_y\, t^{1-\alpha} + H_y\, t^{2\beta} \qquad \text{(III-1)}$$

Les signes + et – correspond respectivement à la phase supérieure (*s*) ou inférieure (*i*).

Dans l'équation (III-1), y_c est la composition critique, B_y est l'amplitude de la courbe de coexistence et B_1 est la correction de premier ordre de l'amplitude d'échelle. F_y, G_y et H_y sont aussi des amplitudes non universelles. Tandis que $\beta = 0{,}326$; $\Delta = 0{,}51$ et $\alpha = 0{,}11$ sont des exposants critiques de la classe d'universalité tridimensionnelle du modèle d'Ising [6].

D'une façon générale, la précision n'est pas assez bonne pour distinguer entre le comportement t , $t^{1-\alpha} = t^{0{,}89}$ et $t^{2\beta} = t^{0{,}65}$. Pour cela, on peut introduire un exposant effectif ω pour l'amplitude E_y dont l'intervalle sera $\omega = [0{,}5\,;\,1]$.

L'équation (III-1) peut être réécrite comme suit:

$$y_{s,i} = y_c \pm B_y t^\beta (1 + B_1 t^\Delta) + E_y\, t^\omega \qquad \text{(III-2)}$$

Dans la région au voisinage du point critique, les corrections en série entière aux lois asymptotiques de puissance sont suffisantes. Dans ces conditions, on doit s'attendre que la courbe de coexistence suit une loi en puissance au voisinage de la température critique T_C suivant l'exposant β, incluant des corrections non analytiques loin de T_C [7-9]. Cette prévision permet à la différence de composition d'un composant entre les phases supérieure (s) et inférieure (i) à être exprimée comme suit [10] :

$$\Delta y = |y_s - y_i| = B\,t^\beta(1 + B_1 t^\Delta + B_2 t^{2\Delta} + ...) \tag{III-3}$$

Le diamètre de la courbe de coexistence est déviée de la linéarité habituelle, il est gouverné par l'exposant critique $\alpha = 0,11$ associé à la chaleur spécifique, et dont l'équation est exprimée comme suit:

$$y_d = \frac{y_s + y_i}{2} = y_c + Dt + D_{1-\alpha} t^{(1-\alpha)}(1 + B_1 t^\Delta + B_2 t^{2\Delta} + ...) + D_{2\beta} t^{2\beta} \tag{III-4}$$

Les amplitudes D, $D_{1-\alpha}$ et $D_{2\beta}$ sont indépendantes de la température. Les amplitudes B_1 et B_2 de la première correction de Wegner sont spécifiques pour le système [7].

Dans l'équation (III-4), le deuxième terme du second membre représente la dépendance rectiligne régulière, alors que le troisième et le quatrirème terme représentent la contribution non rectiligne, avec leur correction d'échelle donnée par l'expansion de Wegner. Le dernier terme tient compte de l'effet sur le diamètre du choix incorrect du paramètre d'ordre ou, comme a été discuté récemment, [11-14] une conséquence directe de la loi d'échelle [15].
Notons que les équations (III-3) et (III-4) peuvent être aisément obtenues à partir de l'équation suivante:

$$\left|y - y_c - Dt - D_{1-\alpha} t^{1-\alpha}\right| = \frac{B}{2} t^\beta (1 + B_1 t^\Delta + B_2 t^{2\Delta} + ...) \tag{III-5}$$

Avec $y = \kappa_i$ ou κ_s et $\dfrac{B}{2}$ est identifié à B_y dans les équations (III-1) et (III-2).

2) Résultats et analyse
a) Température critique

Une source laser He-Ne (6328 Å, 5mW) émet un rayon faiblement focalisé traverse la cellule et en augmentant progressivement la température du thermostat. La température critique T_c^{Exp} a été déterminée lorsque toute l'intensité lumineuse est rediffusée par les fluctuations qui apparaissent à la séparation de phase. Les états de séparation de phase ont été estimés par la disparition des gouttelettes et des inhomogénéités. Le temps d'équilibre était très long. Expérimentalement, la température critique inférieure du mélange étudié a été estimée à $(311,032 \pm 0,015)$K.

D'après la référence [2], la composition critique est obtenue avec une fraction molaire de 1,4-dioxane en absence du sel : $x'_D = n_D/(n_D + n_E) = (0,295 \pm 0,002)$ et la molalité du sel saturé au point critique est estimé à : $m_S^c = (0,55 \pm 0,05)\,\text{mol.kg}^{-1}$.

b) Résultats de la conductivité électrique

Les résultats de mesure de la conductivité électrique κ des phases existantes du mélange étudié en fonction de la température sont reportés dans le *tableau* (III-5).

Dans la deuxième colonne du *tableau* (III-5), le coefficient κ représente la conductivité électrique mesurée dans la région monophasique pour la composition critique, avec une fraction molaire en 1,4-dioxane égale à 0,295 (sans compter le sel) et par la suite sera saturé avec le sel KCl. Les autres colonnes correspondent aux données expérimentales relatives à la région biphasée. On a relevé plusieurs mesures, avec des nombres pratiquement égaux de part et d'autre de la composition critique. Les données couvrent un intervalle de 17 K au-dessus du point critique. Les mesures au voisinage du point critique sont faites à 0,5 K de la température critique T_C. Ces données sont représentées dans la *figure* (III-2). Nous observons un léger changement de la concavité quand la température dépasse approximativement 10 K de la température critique T_c.

Loin de la température critique, la différence de conductivité $\Delta\kappa$ est fortement déviée du comportement asymptotique. En fait, pour quelques systèmes liquides, le domaine de la validité des lois asymptotiques de puissance a été trouvée [7,8, 15-25], seulement lorsque la température réduite est de l'ordre de 10^{-3} à 10^{-2}. En outre, l'extension de Wegner, étant une correction de premier ordre, [7,20-22,25] est faiblement convergente, c'est pourquoi une correction d'échelle est nécessaire. Alors nous devons étendre davantage le domaine de validité dans l'intervalle des données expérimentales, pour tenir compte de la variation de la permittivité électrique qui est responsable du phénomène de dissociation ou d'association, et qui joue un rôle important dans ces déviations. En passant du domaine riche en eau vers celui riche en 1,4-dioxane, le chlorure de potassium passe d'un électrolyte fortement soluble et dissocié à un électrolyte faible très peu soluble et dissocié où les phénomènes d'association, de formation de paires d'ions et de complexation sont accentués [27-37].

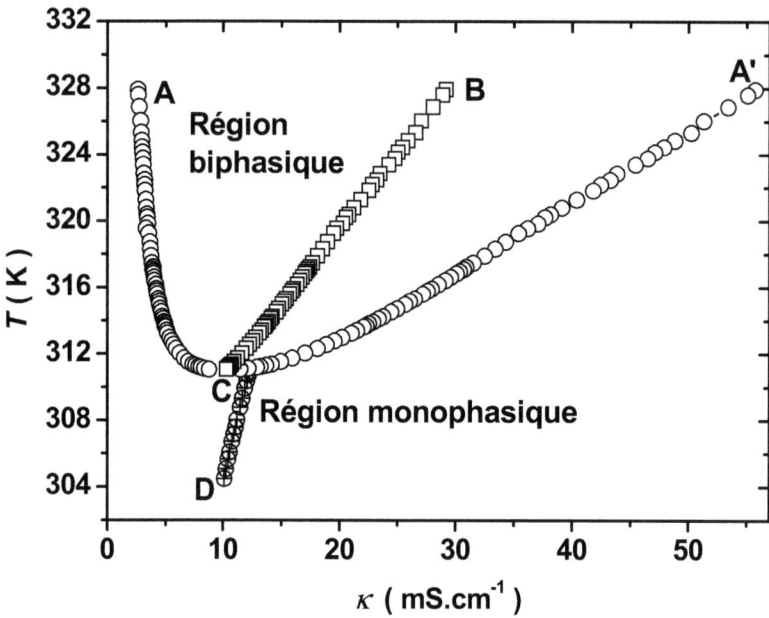

Figure (III-2): *Courbe de coexistence obtenue à partir de la conductivité électrique dans les différentes phases en fonction de la température. (ACA') ligne critique, (CB) diamètre de la courbe et (CD) correspond aux résultats dans la région monophasique $T<T_c$* [38].

Pour faire les ajustements des données expérimentales obtenues, nous avons utilisé l'équation (III-3) en choisissant l'amplitude B, la température réduite t et l'exposant β comme paramètres libres. En plus le coefficient B_1 qui représente la correction d'échelle apportée à l'amplitude au premier d'ordre est choisi comme un paramètre libre ou imposé dans les calculs d'ajustements. Les résultats de calcul de l'ajustement de Δκ (*figure* III-3), pour T < 319,800 K (pour séparer les effets réguliers), sont reportés dans le *tableau* (III-1).

L'analyse des données a été exécutée en utilisant un programme convenable Origin Pro (7.5). A partir des amplitudes et les coefficients de l'équation (III-3) trouvés lors de l'ajustement dans le domaine de température réduite ($t < 3.10^{-2}$), on peut s'assurer que l'extension non-classique de Wegner est compatible avec l'extrapolation de nos données expérimentales dans l'intervalle de l'incertitude estimée (équation (III-3).

Dans un domaine très large de température réduite, on doit tenir compte de termes de correction d'échelles [7] comme l'indique l'équation (III-3) [7, 10] où $\Delta = 0,51$ est un exposant universel, B_1 et B_2 sont des amplitudes dépendantes des corrections d'échelle du système qui seront déterminées par un procédé convenable. La technique de moindre carré est employée pour optimiser la qualité de l'ajustement:

$$\chi^2 = \frac{1}{N-k} \sum_{i=1}^{i=N} \left(\frac{y_i - y(a_1,...,a_j,...,a_k)}{\sigma_i} \right)^2 \qquad \text{(III-6)}$$

Où (N - k) est le nombre de degrés de liberté, N étant le nombre de points de mesure, $y_i = \Delta\kappa$ et k étant le nombre de paramètres ajustés $a_j = (T_c, \beta, B, B_1$ et Δ) dans la fonction $y(a_j)$, et σ_j étant la variance de y_i.

Notons que le facteur χ^2 peut être employé comme critère de la qualité du modèle asymptotique. L'évaluation de la valeur asymptotique de l'exposant β obtenue par régression de données expérimentales est extrêmement sensible à la variation de la valeur de T_c. Dans le calcul de l'ajustement (I) (*Tableau* (III-1)), la température critique T_c a été prise comme un paramètre libre.

Dans le calcul d'ajustements (III) et (IV), l'exposant β a été fixé à la valeur 0,326 et la valeur de T_C est imposée par la valeur obtenue dans l'ajustement (II).

Notons que le choix optimal du paramètre d'ordre conduit à la valeur ajustée qui vaut : T_c^{Fit} où **T_c = (311,013 ± 0,029) K**. La valeur obtenue à partir de l'ajustement est très voisine de celle obtenue expérimentalement

$T_c^{Exp} = (311,032 \pm 0,015)$ K et la valeur de l'exposant critique obtenu est conforme à celle obtenue par le modèle tridimensionnel d'Ising. Les valeurs positives obtenues de B_1 indiquent un accroissement monotone de l'exposant effectif β_{eff} avec la température réduite t.

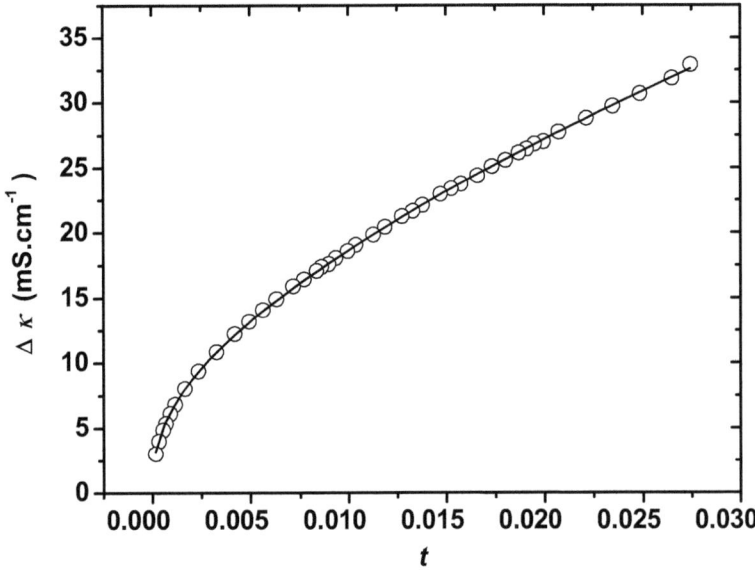

Figure (III-3) : *Variation de la différence de la conductivité électrique des phases existantes en fonction de la température réduite t. Le Symbole* (O) *indique les résultats expérimentaux et le trait continu représente l'ajustement* (IV) (*Tableau* (III-1))* [38].

Le *tableau* (III-2) donne les résultats de l'ajustement de l'équation (III-4) associé au diamètre κ_d de la courbe de coexistence représenté en fonction de la température réduite donnée par la *figure* (III-4). L'analyse de ce diamètre a été effectuée, en examinant alternativement les contributions des termes de linéarité (ajustement I), en ajoutant les termes singuliers de linéarité (ajustement II) et le terme $+2\beta$ (ajustement III). En effet dans la théorie de groupe de renormalisation, la valeur moyenne du paramètre d'ordre y_i devrait obéir à la relation d'échelle exprimée par l'équation (III-4) [10, 21, 39].

Dans l'analyse actuelle, la non-linéarité du diamètre, impose l'introduction d'une contribution non régulière de l'un des deux termes $1-\alpha$ ou 2β dans l'équation (III-4).

Par conséquent, pour les simples ajustements (ajustements II et III) en incluant un terme singulier, la température critique T_c sera fixée à sa valeur expérimentale T_c^{Exp} et les deux paramètres (D et $D_{1-\alpha}$ pour l'ajustement (II), D et $D_{2\beta}$ pour l'ajustement (III)) seront introduits pour réduire χ^2 minimal. Selon les valeurs de χ^2, une exécution légèrement meilleure a été obtenue pour l'ajustement (III) avec le terme (2β) que pour l'ajustement (III).

Les ajustements (IV) et (V) tiennent compte seulement un paramètre libre non régulier, ce qui vérifie que le paramètre $D_{2\beta}$ ne peut pas bien représenter tout le domaine étudié comme étant un terme unique non régulier dans l'équation (III-4). Dans l'ajustement (VI), les deux termes non réguliers étaient inclus, et les valeurs de $D_{1-\alpha}$ et $D_{2\beta}$ ont été introduites avec une amélioration considérable de la qualité de l'ajustement. Finalement, dans l'ajustement (VII) tous les paramètres ont été pris comme libres. Ce qui aboutit clairement aux meilleures représentations, dans le domaine étendu étudié (loin du point critique).

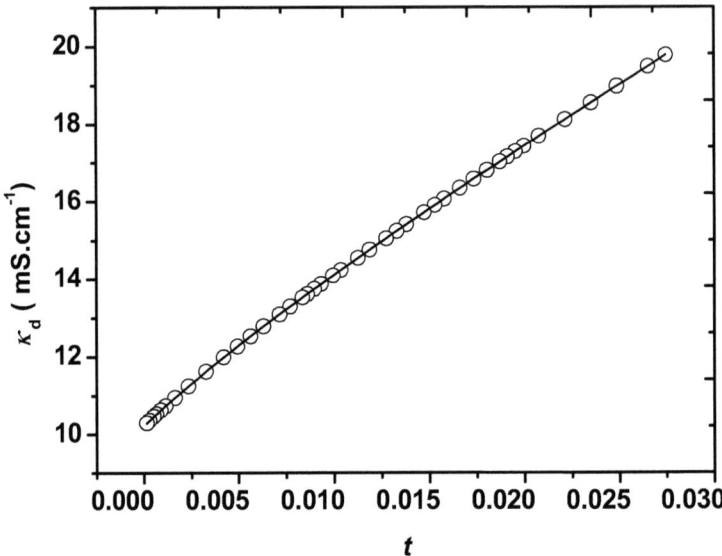

Figure (III-4): *Variation de diamètre de la courbe de coexistence de la conductivité électrique en fonction de la température réduite t. Le symbole (O) indique les résultats expérimentaux et le trait continu représente l'ajustement* (VII) (*Tableau* (III-2)) [38].

La conductivité électrique du mélange a été mesurée aussi dans la région monophasée. Elle varie linéairement avec la température ainsi que pour le diamètre de la courbe de coexistence. Une extrapolation non linéaire des résultats convenablement choisis dans la région monophasique donne :
κ_c = **(12,287 ± 0,016) mS.cm^{-1}**, tandis que l'ajustement du diamètre dans la région bi-phasique donne : κ_c = **(10,233 ± 0,020) mS.cm^{-1}**. La différence entre les deux valeurs obtenues $\delta\kappa_c$ = **(2,054 ± 0,018) mS.cm^{-1}** est dûe à l'effet de saturation du sel [16-18, 30].

Aux erreurs expérimentales prés, aucune déviation de la loi de la linéarité du diamètre n'est discernable. Dans tout l'intervalle de température réduite étudié, les déviations normalisées par la déviation standard estimée, sont représentés dans les *figures* (III-5 et III-6) et sont définies comme étant $(X_{exp}-X_{cal})/\sigma$, avec X représente la différence Δy (équation (III-3)) où le diamètre y_d (équation (III-4)) est la déviation standard σ qui peut être exprimée comme suit :

$$\sigma = \sqrt{\frac{\sum_{i=1}^{i=N}\left(\frac{\kappa_{i,Exp} - \kappa_{i,Cal}}{\kappa_{i,Exp}}\right)^2}{N-k}} \qquad \text{(III-7)}$$

Où *N* et *k* sont respectivement les nombres de points expérimentaux et des paramètres libres.

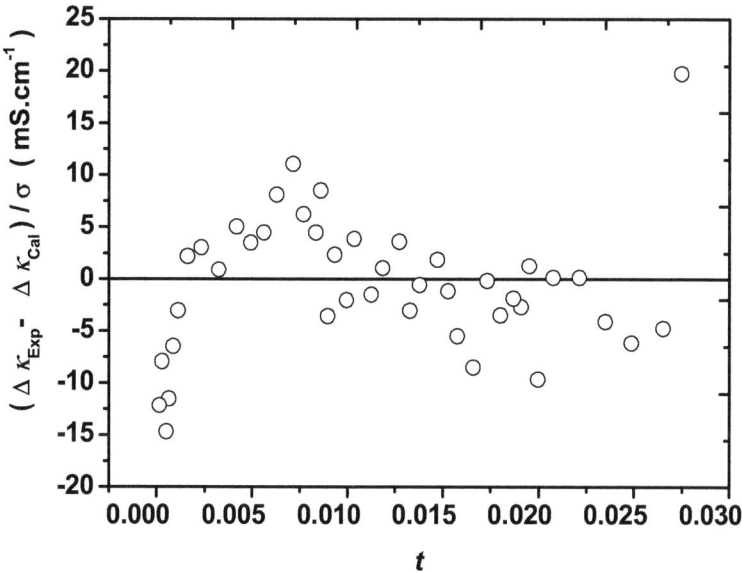

Figure (III-5): *Représentation de la déviation de la différence en conductivité électrique des phases existantes, en fonction de la température réduite t [38].*

Les *figures* (III-5) et (III-6) montrent que la qualité des ajustements de la conductivité électrique ($\Delta\kappa$ et κ_d) est satisfaisante dans la région bi-phasique dans le domaine de température exploité. Ainsi, nous avons constaté que l'extension non-classique de Wegner est capable de représenter toutes nos données dans l'incertitude estimée.

Néanmoins, dans les extrémités de la gamme de température réduite *t*, la dispersion non centrée devient non uniformément distribuée et les déviations sont non homogènes et augmentent considérablement. Ainsi, cette déviation devient importante quand la température réduite tend vers zéro ou s'approche de la limite supérieure étudiée du domaine ($t < 10^{-3}$ ou $t > 5.10^{-2}$).

Notons que la variation normale pour les cinq points très proches de T_C, ne sont pas compatibles avec la tendance des autres points. En fait, il est clair qu'une petite erreur dans les mesures de κ_s et κ_i correspondants respectivement aux phases supérieure et inférieure apparaît comme une erreur très grande dans leur différence $\Delta\kappa$. On rencontre également le même problème dans le calcul de la température réduite t à partir de la valeur expérimentale critique T_c^{Exp} et la température de transition de phase T_t. L'incertitude de la différence $\Delta\kappa$ dépasse sa valeur pour certains points de mesure très proche de la température critique T_C.

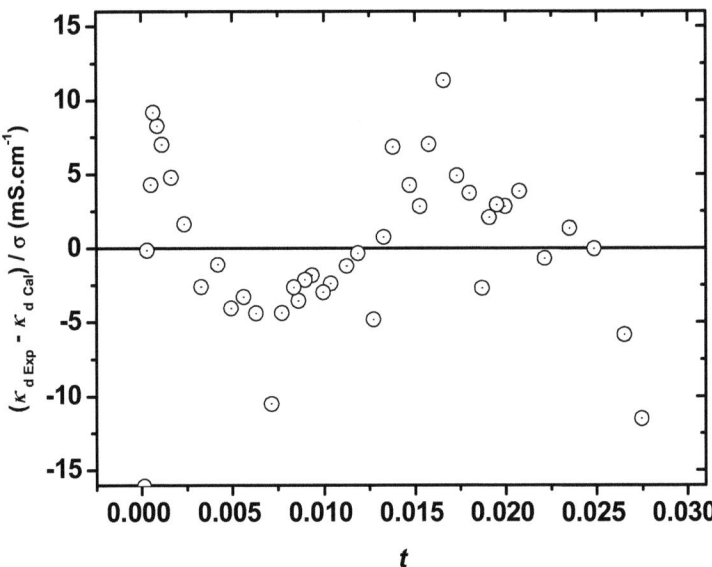

Figure (III-6): *Représentation de la déviation du diamètre de la conductivité électrique, en fonction de la température réduite t* [38].

c) L'exposant effectif

Afin de mieux caractériser l'effet des deux corrections aux lois d'échelle, il est utile de suivre l'exposant effectif β_{eff} qui est défini comme suit:

$$\beta_{eff} = \frac{\partial \operatorname{Ln}(\Delta\kappa)}{\partial \operatorname{Ln} t} \qquad \text{(III-8)}$$

L'écart $\Delta\kappa$ est défini dans l'équation (III-3) comme la différence entre la conductivité électrique de la phase inférieure et la phase supérieure: $\Delta\kappa = \kappa_i - \kappa_s$. En utilisant l'équation (III-3) on obtient :

$$\beta_{eff} = \beta_0 + \frac{B_1 \Delta t^{\Delta} + 2B_2 \Delta t^{2\Delta}}{1 + B_1 t^{\Delta} + B_2 t^{2\Delta}} \qquad \text{(III-9)}$$

Les valeurs de β_{eff} en fonction de la température réduite t ont été calculées en utilisant l'équation (III-9). En général, la tendance finale de β_{eff} à sa valeur asymptotique ($\beta_0 = \beta_{Ising} = 0,326$) quand $t \to 0$, n'est pas universelle. En particulier, quand B_1 est positif, le changement de l'exposant effectif avec la température réduite t est croissant, comme l'indique la *figure* (III-7). Pour le mélange 1,4-dioxane-eau + KCl saturé, les valeurs de β_{eff} pour la densité massique étudiée dans la littérature [2] montrent un minimum peu profond suivi d'une augmentation, dans un domaine restreint de la température réduite, β_{eff} près de 0,5 loin du point critique. Dans ce cas, l'étude mathématique montre que B_1 prend une faible valeur négative tandis que B_2 prend une valeur positive élevée dans les corrections de Wegner, quand la tendance vers la valeur classique peut être monotone.

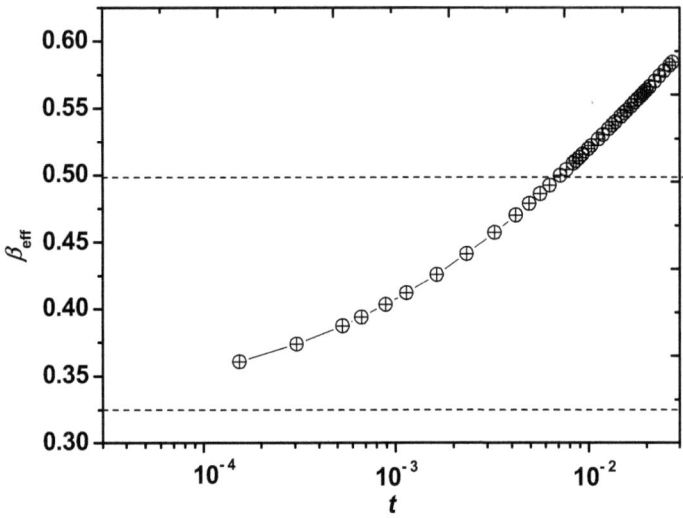

Figure (III-7): *Représentation du coefficient effectif β_{eff}, (Equation (III-9)) en fonction de la température réduite t correspondant à la conductivité électrique κ ($B_1 > 0$)* [38].

Dans la *figure* (III-7), la variation de β_{eff} en fonction de la température réduite, dont les valeurs calculées dans l'ajustement quand T_c, β et Δ sont fixées. Les values de β_{eff} pour le cas de la conductivité électrique montrent une augmentation à partir de sa valeur asymptotique 0,326 dans un intervalle restreint de la température réduite (*t* de l'ordre de 7×10^{-3}) à 0,5 au delà du point critique. En effet comme il est publié dans la littérature [40-42] concernant les systèmes ioniques, β_{eff} peut montrer une tendance vers la valeur classique 0,5 lorsque la température T s'éloigne de T_c. Ceci pourrait être expliqué par la présence des interactions à longue portée dans de tels mélanges ioniques comme l'explique la théorie du champ moyen.

IV/ Analyse de la conductivité électrique dans la région monophasique

1) Introduction

Dans cette partie, nous abordons l'étude de la conductivité électrique κ du mélange étudié dans la région monophasique où $T<T_c$. La conductivité électrique a été déterminée en fonction de la température pour plusieurs compositions critiques le long de la courbe de coexistence au-dessous de la température de transition de phase T_t. La composition de l'eau en fraction massique dans les mélanges varie de 0,20 à 0,60. Pour le chlorure de potassium KCl ajouté sa concentration varie de 0,47 à 2,039 mol par kilogramme de mélange.

2) Température de transition de phase

La conductivité électrique est mesurée dans la région monophasique à chaque température T au-dessous de la température de séparation de phase T_t. Afin de déterminer la température de transition, nous avons procédé comme suit :

L'échantillon de base (1,4-dioxane - eau + KCl) est placé dans le bain thermostaté tout en augmentant la température pas à pas, tout en agitant à chaque fois jusqu'à ce que toute la quantité du sel soit dissoute et le ménisque devient visible, alors $T_1 > T_t$, la température du bain est abaissée à la valeur T_2 et la même opération sera répétée. Si le ménisque n'est pas visible, on augmente la température du bain à la valeur T_3. Cette méthode permet de déterminer T_t par les conditions $T^+ > T_t$ et $T^- < T_t$, quand $(T^+ - T^-) \cong 2 \times 10^{-3}$ K.

3) Résultats et discussion

a) Température de transition de phase

Les *figures* (III-8) et (III-9) montrent respectivement la variation expérimentale de la température de la séparation de phase en fonction de la molalité du chlorure de potassium et de la composition en eau. Nous notons que T_t présente un minimum de l'ordre 311,032 K pour les deux cas.

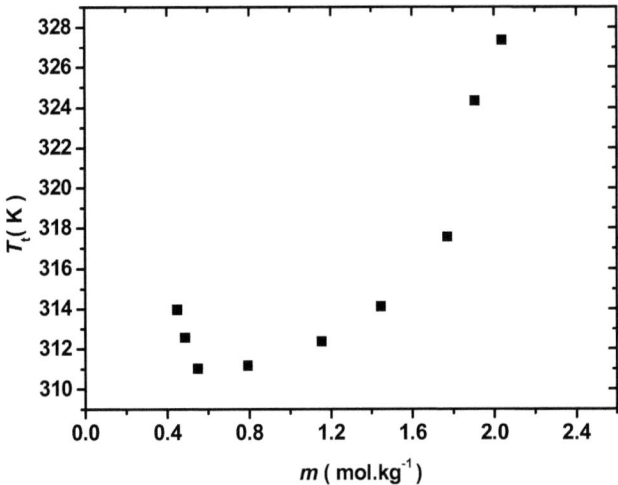

Figure (III-8): *Variation de la température de transition de phase en fonction de la molalité (m) du sel KCl* [43].

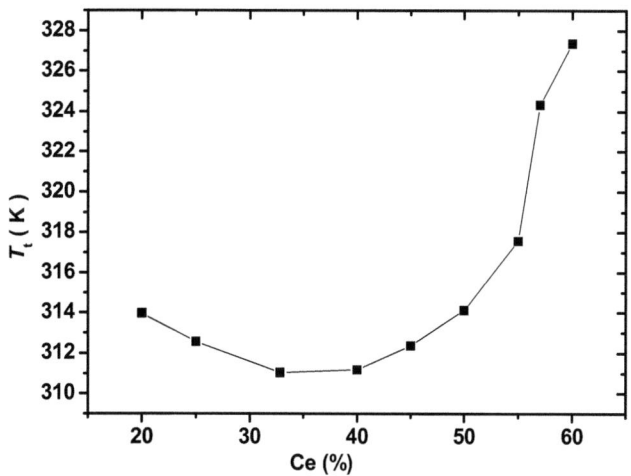

Figure (III-9): *Variation de la température de transition de phase en fonction de la composition massique d'eau (Ce)* [43].

b) Conductivité électrique

Les résultats de mesure de la conductivité électrique en fonction de la température pour différentes compositions en eau et pour différentes molalités du chlorure de potassium sont reportés dans le *tableau* (III-6). Ces résultats expérimentaux sont représentés par la *figure* (III-10).

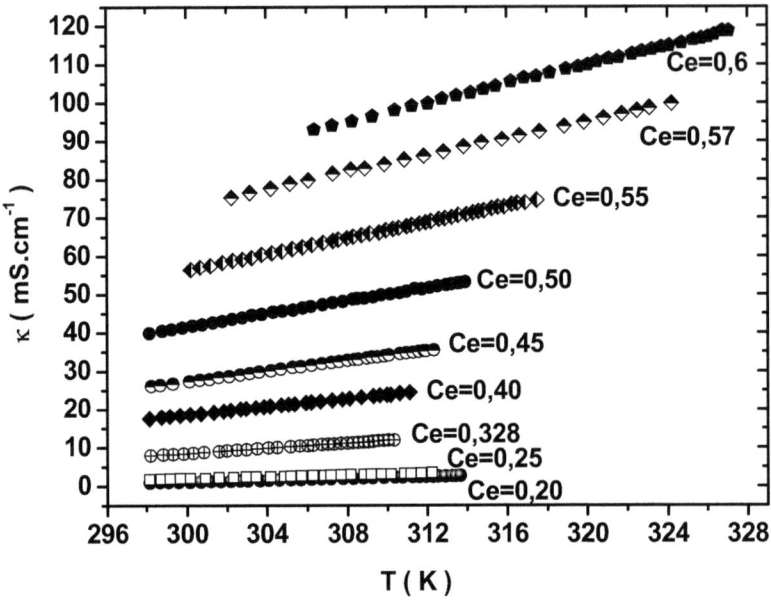

Figure (III-10): *Variation de la conductivité électrique du mélange étudié en fonction de la température pour différentes compositions en eau et en 1,4-dioxane en présence du sel KCl à la saturation. La composition en eau est indiquée en fraction massique (Ce)* [43].

On note que la conductivité électrique augmente en fonction de la température pour toutes les compositions, cela est dû à l'augmentation de l'énergie thermique et alternativement à l'augmentation de la mobilité des ions. On note également que la conductivité électrique croit avec la composition de l'eau et de la molalité de KCl. Les valeurs de la conductivité électrique κ peuvent être corrélées en fonction de la température T, selon l'équation suivante :

$$\kappa(\text{mS.cm}^{-1}) = A_\kappa + B_\kappa T \qquad (\text{III-10})$$

Les valeurs des coefficients A_κ et B_κ de l'équation (III-10) sont reportées dans le *tableau* (III-3). L'analyse des résultats obtenus montre que le coefficient A diminue linéairement avec l'augmentation de la composition du solvant et diminue avec l'augmentation de la concentration du sel, alors que le coefficient B varie linéairement avec la composition du solvant et augmente avec la concentration du sel.

Tableau (III-3) : *Résultats d'ajustement des paramètres des équations (III-10) et (III-11)* [43].

m (kg.mol^{-1})	Ce	A_κ	B_κ	ln (κ_0) (mS.cm^{-1})	$E_a(\kappa)$ (kJ.mol^{-1})
0,470	0,20	-33,184 ± 0,141	0,1141 ± 0,0004	21,343 ± 0,394	53,000 ± 1,000
0,488	0,25	-32,788 ± 0,168	0,1159 ± 0,0005	14,922 ± 0,229	35,487 ± 0,581
0,55	0,328	-91,918 ± 0,541	0,335 ± 0,002	12,547 ± 0,091	25,945 ± 0,231
0,792	0,40	-140,533 ± 0,370	0,530 ± 0,001	10,759 ± 0,050	19,548 ± 0,128
1,154	0,45	-176,254 ± 0,893	0,678 ± 0,003	10,147 ± 0,055	17,057 ± 0,140
1,446	0,50	-211,400 ± 1,242	0,843 ± 0,004	9,381 ± 0,043	14,097 ± 0,109
1,771	0,55	-258,502 ± 0,857	1,049 ± 0,002	9,136 ± 0,022	12,721 ± 0,058
1,906	0,57	-257,925 ± 1,479	1,103 ± 0,004	8,427 ± 0,028	10,298 ± 0,073
2,039	0,60	-285,474 ± 1,468	1,235 ± 0,004	8,356 ± 0,019	9,730 ± 0,050

La conductivité électrique est liée à la mobilité des ions et à la valence de porteurs de charge et leur concentration. Une augmentation de la température a pour conséquence une augmentation de la mobilité des ions. Pour une composition fixe en eau et en sel KCl, les ions se déplacent plus vite lorsque la température est élevée, cet effet est dû à la diminution de la viscosité du mélange [36].

La variation de la conductivité électrique avec la température est activée thermiquement selon l'équation d'Arrhenius:

$$\kappa = \kappa_0 \exp(-\frac{E_a(\kappa)}{kT}) \qquad (III-11)$$

Où κ_0 est une constante et $E_a(\kappa)$ est l'énergie d'activation de la conductivité électrique. La représentation d'Arrhenius est donnée par la *figure* (III-11) et leurs résultats d'ajustements sont reportés dans le *tableau* (III-3).

On constate que les valeurs de l'énergie d'activation $E_a(\kappa)$ pour le mélange varient dans le domaine **(9,730 à 53,000) kJ.mol^{-1}**. La *figure* (III-12) montre que l'énergie d'activation de la conductivité électrique diminue avec la fraction massique d'eau et par conséquent avec la molalité de KCl. On peut prévoir qu'il y'a une solvatation préférentielle d'ions K^+ par l'eau et que la solvatation ralentit le phénomène de transport des entités correspondantes. Lorsque la composition en eau est inférieure à 25%, le système est en interaction car il y a une compétition entre les différentes solvatations en 1,4-dioxane et en eau.

La *figure* (III-13) montre la variation de la conductivité électrique en fonction de la température réduite *t*. Une anomalie de la conductivité électrique est observée près de la température critique, ce comportement est déjà prévu dans la littérature [44-46].

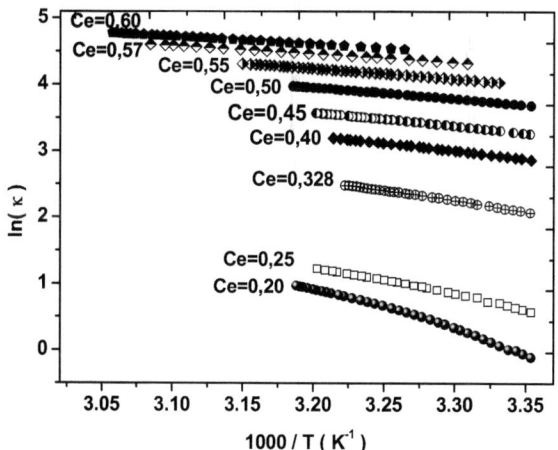

Figure (III-11) : *Représentation d'Arrhenius de la conductivité électrique κ du mélange étudié pour différentes compositions en eau et en 1,4-dioxane en présence du sel KCl à la saturation. La composition en eau est indiquée en fraction massique (Ce)* [43].

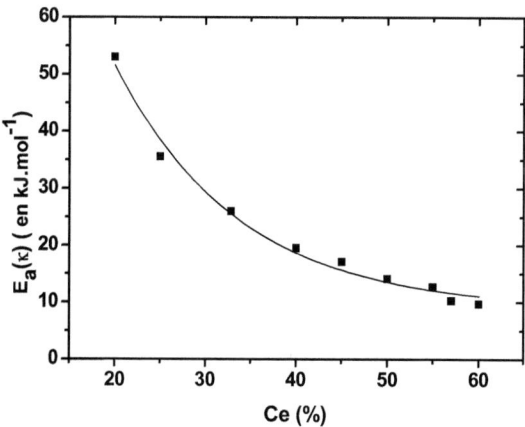

Figure (III-12): *Variation de l'énergie d'activation* E_a *(κ) en fonction de la composition en eau, en fraction massique (Ce)* [43].

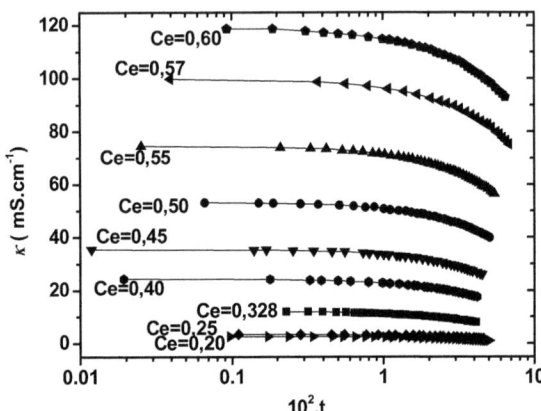

Figure (III-13): *Représentation semi-log de la conductivité électrique κ du mélange étudié en fonction de la température réduite pour différentes compositions en eau et en 1,4-dioxane en présence du sel KCl à la saturation. La composition en eau est indiquée en fraction massique (Ce)* [43].

Au voisinage du point critique du mélange, la conductivité électrique est donnée par [44] :

$$\kappa = \kappa_c + \kappa_{reg}(t) + \kappa_{crit}(t) \qquad (III\text{-}12)$$

où κ_c est la conductivité électrique critique, κ_{reg} est la fonction analytique qui tient compte du changement non critique de κ avec la température, et peut être exprimée comme suit [44] :

$$\kappa_{reg}(t) = A_1 t + A_2 t^2 + \ldots \qquad (III\text{-}13)$$

La contribution critique est donnée par:

$$\kappa_{crit}(t) = A_{cr} t^{1-\alpha}(1 + at^{\Delta} + bt^{2\Delta} + \ldots) \qquad (III\text{-}14)$$

où A_{cr} représente l'amplitude principale critique, alors que a et b sont les amplitudes de la correction aux lois d'échelle et α est l'exposant critique qui caractérise la divergence de la chaleur spécifique et l'expansion thermique près de T_C. Le *tableau* (III-4) donne les paramètres des équations (III-12, III-13 et

III-14), après l'ajustement nous avons pris α=0,11 et éliminer les termes de correction d'échelle dans l'équation (III-14).

Tableau (III-4) : *Résultats d'ajustement de la conductivité électriques κ selon les équations (III-12, III-13 et III-14)* [43].

m (mol.kg^{-1})	Ce	κ_c (mS.cm^{-1})	A_1	A_{cr}	χ^2
0,470	0,20	2,685 ± 0,007	-24,082 ± 3,366	-8,633 ± 2,468	0,00013
0,488	0,25	3,446 ± 0,010	-37.378 ± 4.731	3,460 ± 0,836	0,00015
0,55	0,328	12,244 ± 0,033	-89,080 ± 17,113	12,380 ± -10,897	0,00132
0,792	0,40	24,469 ± 0,018	-165,312 ± 9,504	6,827 ± 0,222	0,00067
1,154	0,45	35,546 ± 0,029	-302,148 ± 15,520	65,156 ± 11,224	0,00254
1,446	0,50	53,289 ± 0,61	-366,400 ± 27,884	74,426 ± 20,427	0,0103
1,771	0,55	74,729 ± 0,056	-353,359 ± 22,334	16,565 ± 14,905	0,00827
1,906	0,57	99,893 ± 0,1166	-402,062 ± 38,021	33,506 ± 28,847	0,02344
2,039	0,60	118,961 ± 0,102	-447,658 ± 37,536	32,368 ± 28,155	0,02664

La *figure* (III-14) montre que la conductivité critique κ_c varie en fonction de la composition en eau comme un polynôme de deuxième degré :

κ_c (mS.cm^{-1}) = 67,2 -5 Ce + 0,1 Ce^2

En fonction de la molalité m de KCl, κ_c varie comme un polynôme de troisième degré :

κ_c (mS.cm^{-1}) = -68 + 223 m -179 m^2 + 56 m^3

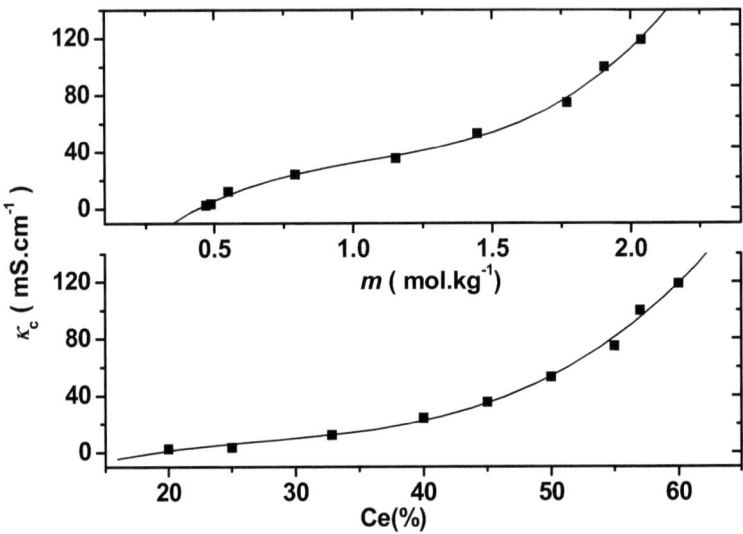

Figure (III-14) : *Variation de la conductivité électrique critique κ_c du mélange étudié en fonction de la composition massique (Ce) d'eau et de la molalité (m) de KCl* [43].

V/ Conclusion

Dans la première partie de ce chapitre nous avons étudié la courbe de coexistence de la conductivité électrique du mélange étudié près et loin de son point critique qui est localisé à la température T_c=311,032 K pour une fraction molaire égale à 0,022 du sel KCl et approximativement avec la fraction molaire de 0,3 (en 1,4-dioxane en absence du sel).

L'analyse des données expérimentales nous a permis de déterminer les exposants critiques β et Δ. Les valeurs trouvées sont en bon accord avec la littérature. La dépendance de la gamme de la valeur critique asymptotique d'exposant, β est sensible à l'erreur de l'évaluation dans la température critique et le choix du paramètre d'ordre. On a conclu qu'au voisinage de la température critique, la conductivité électrique constitue un bon paramètre d'ordre pour décrire la courbe de coexistence d'un système ionique ternaire critique comme un fluide binaire. Loin du point critique une déviation du comportement asymptotique est observée.

La présence du sel à la saturation dans le 1,4-dioxane et l'eau a crée une séparation de phase, et le système électrolytique devient semblable à un mélange binaire critique ordinaire comme l'acide isobutyrique et l'eau. Le phénomène est caractérisé par une forte corrélation dans la région critique. Cependant, la présence du sel KCl favorise la corrélation entre les molécules du 1,4-dioxane et l'eau. Ce qui affirme la présence d'interaction ion solvaté-molécule.

Dans la deuxième partie de ce chapitre les résultats obtenus, montrent que la conductivité du mélange (monophasique) augmente en fonction de la température, de la composition en eau et de la concentration du sel ajouté.

La variation de la conductivité électrique en fonction de la température peut être corrélée par une équation linéaire empirique et peut être ajustée avec une bonne précision. En outre la variation de la conductivité électrique avec la température peut être compatible avec l'équation d'Arrhenius. L'énergie d'activation $E_a(\kappa)$ pour la conduction ionique diminue avec l'augmentation de la composition en eau et par conséquent avec la molalité du sel.

Nous avons prouvé que la conductivité électrique présente une anomalie près du point critique où les corrélations sont importantes qui ralentissent le phénomène de transport électrique. En plus la conductivité électrique critique κ_c dépend de la composition en eau Ce et de la molalité m du sel.

Nous avons constaté aussi que la composition en eau et la quantité du sel KCl a une influence sur la température de la transition de phase T_t

Références

[1] C. Romero, B. Giner, M. Aro, H. Artigas, C. Lafuente, *J. Chem. Thermodynamics* **38**, 871 (2006).

[2] H. L. Bianchi, M. L. Japas, *J. Chem. Phys.* **115** (22), 10472 (2001).

[3] J. Hamelin, T. K. Bose, *J. Thoen, Phys. Rev.* A **42**, 4735 (1990).

[4] M. A. Anisimov, S. B. Kiselev, J. V. Sengers, S. Tang, *Physica* A **188** (4), 487 (1992).

[5] M. Wagner, O. Stanga, W. Schröer, *Phys. Chem. Chem. Phys.* **6**, 4421 (2004).

[6] M. Levy, J. C. Legillou, J. Zinn-Justin, *Phase Transitions*, Eds. Cargese 1980, Plenum, New York, (1982).

[7] F. J. Wegner, *Phys. Rev.* B **5**, 4529 (1972).

[8] S. C. Greer, *Phys. Rev.* A **14**, 1770 (1976).

[9] D. Beysens, A. Bourgou, P. Calmettes, *Phys. Rev.* A **29**, 3589 (1982).

[10] M. Ley-Koo, M. S. Green, Phys. Rev. A **23**, 2650 (1981).

[11] Y. C. Kim, M. E. Fisher, G. Orkoulas, *Phys. Rev.* E **67**, 61506 (2003).

[12] C. A. Cerdeiriña, M. A. Anisimov, J. V. Sengers. *Chem. Phys. Lett.* **424**, 414 (2006).

[13] J. Wang, M. A. Anisimov, *Phys. Rev.* E **75**, 051107 (2007).

[14] J. Wang, C. A. Cerdeiriña, M. A. Anisimov, J. V. Sengers, *Phys. Rev.* E **77,** 31127 (2008).

[15] K. I. Gutkowski, H. L. Bianchi, M. L. Japas, *J. Chem. Phys.* B **111**, 2554 (2007).

[16] A. Toumi, M. Bouanz, *Euro. Phys. J.* E 2, 211 (2000).

[17] A. Toumi, M. Bouanz, A. Gharbi, *Chem. Phys. Lett.* **362**, 567 (2002).

[18] A. Toumi, M. Bouanz, A. Gharbi, *Phys. Chem. News* **13**, 126 (2003).

[19] K. I. Gutkowski, H.L. Bianchi, M. L. Japas, *J. Chem. Phys.* **118** (6), 2808 (2003).

[20] S. C. Greer, M. R. Moldover, *Annu. Rev. Phys. Chem.* **32**, 233 (1981).
[21] A. Kumar, H. R. Krishnamurthy, E. S. R. Gopal, *Phys. Rep.* **98**, 57 (1983).
[22] J. V. Sengers, J. M. H. Levelt Sengers, *Ann. Rev. Phys. Chem.* **37**, 189 (1986).
[23] M. Ley-Koo, M. S. Green, *Phys. Rev.* A **16**, 2483 (1977).
[24] A. Toumi, M. Bouanz, *J. Mol. Liq.* **122**, 74 (2005).
[25] M. L. Japas, J. M. H. Levelts Sengers, *J. Phys. Chem.* **94**, 5361 (1990).
[27] M. Bouanz, *Phys. Rev.* A **46**, 4888 (1992).
[28] M. Bouanz, A. Gharbi, *J. Phys.: Cond. Matter* **6**, 4429 (1994).
[29] M. Bouanz, *Quím. Anal.* **15**, 530 (1996).
[30] M. Bouanz, D.Beysens, *J. Chem. Phys. Lett.* **231**, 105 (1994).
[31] N. Ouerfelli, M. Ammar, H. Latrous, *J. Phys.: Cond. Matter* **8**, 8173 (1996).
[32] M. F. Baker, A. A. Mohamed, *J. Chin. Chem. Soc.* **46** (6), 899 (1999).
[33] J. M'Halla, R. Besbes, R. Bouazizi, S. Boughammoura, *J. Mol. Liq.* **130**, 59 (2007).
[34] J. M'Halla, R. Besbes, S. M'Halla, *J. Soc. Chim.* (Tunisie), **4** (10), 1303 (2001).
[35] I. Bakó, G. Pálinkás, J. C. Dore, H. E. Fisher, *J. Chem. Phys. Lett.* **303**, 315 (1999).
[36] T. Takamuku, A. Yamaguchi, M. Tabata, N. Nishi, K. Yoshida, H. Wakita, T. Yamaguchi, *J. Mol. Liq.* **83**, 163 (1999).
[37] J. M'Halla, S. J. M'Halla, *Chim. Phys.* **96**, 1450 (1999).
[38] T. Kouissi, M. Bouanz, N. Ouerfelli, *J. Chem. Eng. Data,* **54**, 566 (2009).
[39] M. Bonetti, A. Oleinikova, C. Bervillier, *J. Phys. Chem.* B, **101**, 2164 (1997).
[40] T. Narayanan, K.S. Pitzer, *J. Chem. Phys.* **102**, 8118 (1995).
[41] R. R. Singh, K. S. Pitzer, *Chem. Phys.* **92**, 6775 (1990).

[42] A. A. Povodyrev, M. A. Anisimov, J. V. Sengers, *Physica* A, **264**, 345 (1999).
[43] T. Kouissi, M. Bouanz, *J. Chem. Eng. Data,* **55**, 320 (2010).
[44] A. Oleinikova, M. Bonetti, *J. Chem. Phys.* **101** (21), 9871 (2001).
[45] E. M. Anderson, S. C. Greer, *Phys. Rev.* A **30**, 3129 (1984).
[46] C. H. Shaw, W. I. Goldburg, *J. Chem. Phys.* **65** (11), 4906 (1976).

Tableau (III-5): *Les données expérimentales de la conductivité électrique du mélange étudié des différentes phases existantes en fonction de la température T. Les coefficients* κ, κ_i *et* κ_s *désignent respectivement la conductivité électrique de la région monophasique, de la phase inférieure et de la phase supérieure* [38].

T (K)	κ (mS.cm^{-1})	κ_i (mS.cm^{-1})	κ_s (mS.cm^{-1})	T (K)	κ_i (mS.cm^{-1})	κ_s (mS.cm^{-1})
304,481	10,10			315,143	26,06	4,406
305,064	10,27			315,302	26,48	4,340
305,652	10,44			315,587	27,19	4,234
306.078	10,58			315,762	27,59	4,206
306,706	10,77			315,917	27,94	4,197
307,144	10,92			316,174	28,53	4,154
307,579	11,07			316,402	29,12	4,032
308,040	11,21			316,616	29,59	4,005
308,777	11,46			316,829	30,10	3,941
309,305	11,65			316,950	30,37	3,923
309,925	11,87			317,080	30,69	3,867
310,380	12,04			317,220	30,93	3,919
310,720	12,18			317,464	31,55	3,798
310,932	12,27	T > T$_c$		317,896	32,51	3,716
311,061		11,47	8,784	318,318	33,41	3,676
311,108		12,17	8,370	318,742	34,31	3,625
311,178		12,88	8,044	319,254	35,41	3,538
311,220		13,20	7,850	319,550	36,21	3,314
311,290		13,68	7,572	319,843	37,08	3,441
311,368		14,15	7,327	320,215	37,68	3,400
311,522		14,96	6,942	320,383	38,19	3,383
311,741		15,93	6,560	320,790	39,15	3,327
312,030		17,04	6,195	321,274	40,39	3,275

312,319	18,10	5,865	321,830	41,81	3,217
312,548	18,86	5,674	322,182	42,46	3,172
312,763	19,56	5,500	322,457	43,27	3,169
312,973	20,23	5,325	322,848	43,84	3,113
313,235	21,04	5,134	323,380	45,44	3,067
313,407	21,50	5,074	323,770	46,50	3,030
313,607	22,06	4,980	324,149	47,10	2,999
313,685	22,31	4,910	324,439	47,89	2,960
313,799	22,54	4,940	324,856	48,84	2,930
313,915	22.90	4,840	325,326	50,23	2,897
314,106	23,39	4,790	326,031	51,31	2,830
314,235	23,77	4,690	326,864	53,37	2,713
314,513	24,47	4,620	327,592	55,11	2,637
314,702	24,97	4,531	327,918	55,76	2.618
314,971	25,68	4,411			

Tableau (III-6): *Les conductivités électriques κ du mélange étudié en fonction de la température pour différentes compositions en eau et en 1,4-dioxane en présence de KCl à la saturation (Ce=0,20; m=0,470 mol.kg^{-1}), (Ce=0,25 ; m=0,488 mol.kg^{-1}), (Ce=0,328 ; m=0,55 mol.kg^{-1}), (Ce=0,40 ; m=0,792 mol.kg^{-1}), (Ce=0,45 ;m=1,154 mol.kg^{-1}), (Ce=0,50 ; m=1,446 mol.kg^{-1}), (Ce=0,55 ; m=1,771 mol.kg^{-1}), (Ce=0,57 ; m=1,906 mol.kg^{-1}), (Ce=0,60 ; m=2,039 mol.kg^{-1}). Ce et T_t^{Exp} sont respectivement la fraction massique de l'eau dans le mélange et la température de transition de phase* [43].

T (K)	κ (mS.cm^{-1})	T (K)	κ (mS.cm^{-1})	T (K)	κ (mS.cm^{-1})
m =0,470 mol.kg^{-1} Ce=0,20		m = 0,488 mol.kg^{-1} Ce=0,25		m =0,55 mol.kg^{-1} Ce=0,328	
T_t^{Exp} =313,973 K		T_t^{Exp}=312,567 K		T_t^{Exp}=311,032 K	
298,151	0,898	298,158	1,773	298,205	7,95
298,662	0,947	298,706	1,836	298,827	8,17
299,086	0,996	299,162	1,891	299,311	8,30
299,585	1,014	299,660	1,951	299,820	8,40
300,144	1,068	300,153	2,03	300,294	8,60
300,676	1,130	300,902	2,059	300,830	8,80
301,74	1,188	301,565	2,21	301,590	9,00
301,674	1,246	302,305	2,26	301,986	9,20
302,165	1,303	302,954	2,33	302,480	9,40
302,641	1,358	303,436	2,391	302,968	9,50
303,037	1,403	304,167	2,470	303,505	9,70
303,640	1,473	304,852	2,55	304,066	9,94
304,070	1,523	305,163	2,60	304,490	10,04
304,597	1,584	305,696	2,65	305,155	10,27
305,172	1,651	306,255	2,72	305,615	10,44
305,653	1,706	306,812	2,781	306,012	10,51
306,176	1,767	307,151	2,819	306,274	10,61
306,662	1,823	307,653	2,880	306,701	10,77

307,152	1,880	308,154	2,940	307,010	10,85
307,758	1,950	308,814	3,001	307,310	10,92
308,287	2,011	309,170	3,060	307,647	11,08
308,760	2,066	309,680	3,110	307,975	11,19
309,230	2,121	310,164	3,167	308,283	11,25
309,814	2,188	310.843	3,250	308,52	11,34
310,358	2,251	311,151	3,290	308,806	11,45
310,731	2,294	311,680	3,340	309,04	11,51
311,239	2,353	312,223	3,410	309,275	11,65
311,581	2,393	m =1,154 mol.kg^{-1} Ce=0,45		309,52	11,77
311,923	2,432	T_t^{Exp}=312,357 K		309,80	11,87
312,274	2,473	298,243	26,12	310,043	11,93
312,519	2,501	298,685	26,35	310,32	11,95
312,898	2,545	299,310	26,78	m =1,446 mol.kg^{-1} Ce=0,50	
313,227	2,583	300,132	27,38	T_t^{Exp}=314,122 K	
313,428	2,607	300,632	27,73	298,150	39,88
313,670	2,635	301,113	27,92	298,802	40,48
m =0,792 mol.kg^{-1} Ce =0,40		301,576	28,43	299,260	40,86
T_t^{Exp}=311,170 K		302,102	28,70	299,783	41,29
298,153	17,58	302,654	29,07	300,283	41,81
298,752	17,91	303,142	29,43	300,760	42,14
299,16	18,13	303,608	29,79	301,280	42,59
299,653	18,35	304,202	30,10	301,754	42,98
300,151	18,62	304,686	30,55	302,255	43,52
300,690	18,87	305,274	31,02	302,772	43,92
301,322	19,19	305,674	31,20	303,258	44,52
301,82	19,54	306,19	31,58	303,749	44,83
302,167	19,67	306,703	31,97	304,305	45,36
302,674	19,98	307,181	32,25	304,772	45,70
302,973	20,13	307,56	32,50	305,290	45,92
303,444	20,37	307,992	32,82	305,771	46,45
303,843	20,58	308,343	33,03	306,160	46,87
304,153	20,76	308,541	33,13	306,757	47,27

304,713	21,06	308,97	33,40	307,251	47,88
305,07	21,23	309,215	33,63	307,762	48,13
305,355	21,41	309,501	33,73	308,267	48,76
305,921	21,69	309,841	33,95	308,480	48,93
306,190	21,85	310,065	34,17	308,843	48,97
306,636	22,04	310,618	34,60	309,282	49,31
307,209	22,37	310,934	34,70	309,683	49,85
307,730	22,64	311,274	34,90	310,137	50,06
308,092	22,87	311,565	35,09	310,615	50,41
308,683	23,15	311,829	35,29	310,950	50,72
309,281	23,47	311,921	35,27	311,365	51,46
309,611	23,67	312,320	35,52	311,720	51,38
309,96	23,80	$m = 1{,}771$ mol.kg^{-1} Ce=0,55		312,120	51,73
310,150	23,871	$T_t^{Exp} = 17{,}565$ K		312,510	52,13
310,613	24,21	300,194	56,20	312,952	52,41
311,110	24,44	300,662	57,02	313,226	52,65
$m = 2{,}039$ mol.kg^{-1} Ce=0,60		301,173	57,43	313,529	52,89
$T_t^{Exp} = 327{,}365$ K		301,770	58,35	313,648	52,96
306,350	93,06	302,280	58,87	313,913	53,22
307,259	94,17	302,786	59,19	$m = 1{,}906$ mol.kg^{-1} Ce=0,57	
308,246	95,27	303,256	59,58	$T_t^{Exp} = 324{,}325$ K	
309,264	96,52	303,759	60,40	302,220	75,28
310,392	98,19	304,248	60,90	303,166	76,55
311,252	99,24	304,758	61,33	304,213	77,71
312,048	99,91	305,271	61,86	305,160	78,96
312,758	101,1	305,758	62,36	306,050	79,84
313,499	101,9	306,231	62,95	307,285	81,51
314,207	102,7	306,771	63,51	308,179	82,60
314,859	103,6	307,272	64,02	308,882	82,88
315,467	104,4	307,545	64,30	309,86	83,96
316,217	105,6	307,972	64,75	310,86	85,17
316,883	106,5	308,287	65,07	311,835	86,15
317,486	106,9	308,708	65,50	312,834	87,26

318,166	107,8	309,102	65,91	313,853	88,59
318,972	108,8	309,586	66,21	314,754	89,69
319,590	109,4	309,917	66,75	315,766	90,51
320,040	109,9	310,278	67,12	316,628	91,46
320,502	110,8	310,563	67,41	317,632	92,58
321,091	111,5	310,958	67,82	318,870	93,95
321,620	111,9	311,202	68,07	319,860	95,04
322,270	112,7	311,59	68,47	320,825	96,11
322,760	113,4	311,921	68,82	321,750	97,14
323,248	113,9	312,200	69,10	322,500	97,97
323.720	114,5	312,590	69,61	323,123	98,66
324,101	114,9	312,881	69,89	324,197	99,85
324,721	115,6	313,220	70,15		
325,310	116,4	313,548	70,69		
325,705	116,8	313,965	70,92		
326,028	117,2	314,305	71,37		
326,351	117,8	314,580	71,66		
326,750	118,7	314,850	71,83		
327,060	118,7	315,231	72,43		
		315,552	72,76		
		315,860	72,88		
		316,231	73,56		
		316,51	73,75		
		316,896	73,95		
		317,485	74,55		

Chapitre IV

Etude de l'indice optique du mélange 1,4-dioxane – eau + KCl saturé

I/ Introduction

Dans le chapitre précédent, nous avons vu que la courbe de coexistence de la conductivité électrique du mélange critique 1,4-dioxane – eau + KCl saturé met en évidence l'existence de deux phases liquides de concentrations différentes. Ce diagramme de phase permet de connaître le point critique, l'exposant critique β et l'amplitude correspondante associée à la courbe de coexistence. Selon les lois d'échelle, le paramètre d'ordre généralisé Δy entre les phases inférieure et supérieure suit une loi en puissance de la température réduite $t = \dfrac{T - T_c}{T_c}$ comme suit:

$$\Delta y = |y_s - y_i| = Bt^\beta (1 + B_1 t^\Delta + B_2 t^{2\Delta} + ...) \qquad \text{(IV-1)}$$

Plusieurs méthodes sont envisagées pour étudier le comportement de Δy. Le fait que l'exposant β associé à Δy est faible, ces méthodes exigent des conditions sévères de mesure. Lorsqu'on s'approche de la région critique, pour une petite variation de la température de la cellule, le ménisque séparant deux phases homogènes et isotropes ne peut prendre place et atteindre l'équilibre qu'après une longue durée qui peut dépasser deux heures.

Rappelons que dans les mélanges binaires critiques, les fluctuations de concentration sont de plus en plus importantes lorsque la température tend vers la température critique T_c. Cependant, il existe un moyen pour évaluer ces fluctuations de concentration à l'aide d'une méthode optique se basant sur la détermination de l'indice optique *n*.

La présente étude s'intéresse aux deux phases du système dans sa région d'instabilité thermodynamique ainsi que sa phase unique pour $T < T_c$. Rappelons qu'il s'agit d'un cas d'un point critique inférieur. Ces mesures ont été effectuées dans les deux régions au dessus de la température critique T_c et dans la région monophasique pour des températures inférieures à T_c. L'objectif de ce travail est de déterminer la courbe de coexistence de l'indice optique et la variation de l'indice optique en fonction de la température pour une composition choisie dans la région monophasique.

II/ Techniques expérimentales
1) Dispositif expérimental
a) Description générale

Le montage expérimental utilisé est constitué essentiellement par :
- Un bain thermostaté.
- Un thermomètre à quartz de haute incertitude ($\pm 2 \times 10^{-3}\,°C$).
- Une cellule de mesure.
- Un réfractomètre d'Abbe de résolution $\pm 0,0001$.

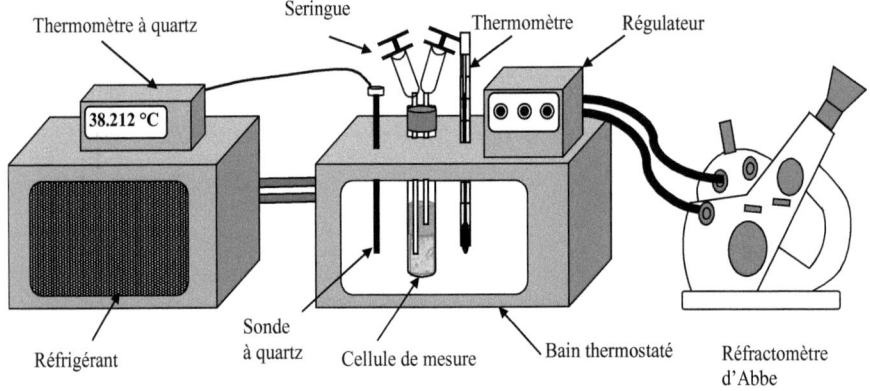

Figure (IV-1) : *Dispositif expérimental utilisé pour la mesure de l'indice optique.*

b) Réfractomètre d'Abbe

La mesure de l'indice optique *n* d'un liquide, est faite à l'aide d'un réfractomètre d'Abbe. L'élément de base de ce réfractomètre est un prisme principal ADC en verre d'indice élevé N dont la section est un triangle rectangle (*figure* IV-2). Ce prisme est disposé de manière que sa face hypoténuse soit approximativement horizontale afin que l'on puisse déposer sur elle une petite quantité du liquide à mesurer. Un second prisme ABC, dit d'éclairage vient recouvrir le liquide pour le répartir uniformément entre les faces des deux prismes. Une source lumineuse émet un faisceau de lumière de longueur d'onde λ = 5893 Å sur la face AB du prisme d'éclairage de manière à réaliser un éclairage multidirectionnel.

Le faisceau réfracté contient des rayons dirigés entre la direction limite i_ℓ et la normale à la face DC, l'angle limite est défini par: $\sin i_\ell = \dfrac{n}{N}$.

A la sortie du prisme, le faisceau émergent est réfléchi par un miroir plan M qui le dirige vers une lunette collimatrice.

Les indices optiques des liquides varient avec la température et la longueur d'onde de la lumière. A cet effet, les deux prismes, principal et d'éclairage, sont maintenus à la même température constante par l'intermédiaire d'une circulation permanente de l'eau provenant du bain thermostaté connecté avec l'organe principal du réfractomètre. Cette connexion permet d'obtenir des mesures à une température donnée. Le réfractomètre d'Abbe est muni d'un thermomètre numérique servant à contrôler la température de l'échantillon.

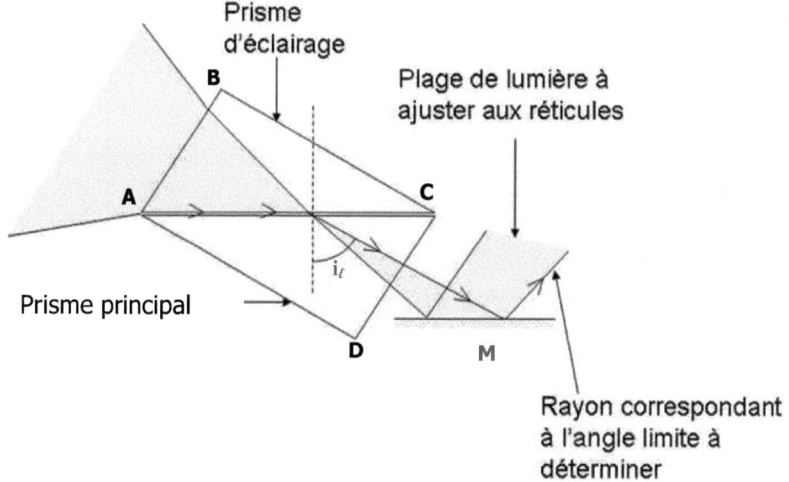

Figure (IV-2) : *Principe schématique du réfractomètre d'Abbe.*

c) Détermination de l'indice de réfraction d'un mélange liquide

On ouvre le prisme d'éclairage et on dépose 2 ou 3 gouttes de l'échantillon liquide sur la partie centrale du prisme principal. Puis, l'échantillon sera recouvert par le prisme d'éclairage, il s'étale entre les faces des prismes en un film mince de liquide.

Tout en observant à travers l'oculaire, on tourne doucement la molette de mesure jusqu'à ce que la ligne de séparation apparaisse dans le champ de vision de réfraction sur la croisée des fils (*Figure* IV-3). A ce moment, la ligne de séparation peut être colorée et trouble parce qu'elle n'est pas encore achromatisée. Si c'est le cas, on tourne la molette de mesure de façon à la régler sur un point ou le champ de vision d'ajustement réfractométrique passe d'un champ clair à un champ sombre et vice versa.

On tourne la molette de compensation de la couleur pour achromatiser la ligne de séparation pour qu'elle apparaisse clairement dans le champ. On tourne de nouveau la molette de mesure pour régler la ligne de séparation sur l'intersection des fils croisés. Puis on lit la valeur de l'indice affichée par le réfractomètre.

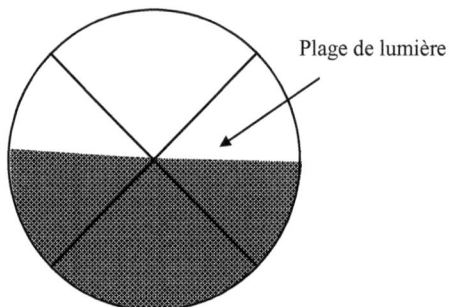

Figure (IV-3) : *Le réglage optimal du réticule d'observation pour évaluer l'indice optique par un réfractomètre d'Abbe.*

d) Procédure expérimentale

La procédure de mesure de l'indice optique du système étudié se fait comme suit :

- La mesure de la température de la cellule, est observée à l'équilibre thermodynamique des phases. Les phases présentent des fluctuations de concentration visibles à l'œil nu. Le temps nécessaire pour avoir l'équilibre thermodynamique nécessite une durée de deux heures.
- A l'aide d'une seringue, on prélève une quantité de l'ordre de 1 mL de chaque phase.
- Le liquide est introduit rapidement dans le réfractomètre, la même procédure est appliquée pour chaque phase à chaque température.

III/ Courbe de coexistence de l'indice optique

1) Introduction

Pour analyser tous les résultats obtenus, on se base sur le paramètre d'ordre de l'indice optique n associé à la courbe de coexistence. On utilise le paramètre d'ordre général suivant la correction à la loi d'échelle comme nous l'avons exposé au chapitre (II) [1] :

$$\Delta n = |n_s - n_i| = Bt^\beta (1 + B_1 t^\Delta + B_2 t^{2\Delta} + ...) \tag{IV-2}$$

Une propriété très importante de la courbe de cœxistence est le comportement de son diamètre :

$$n_d = \frac{n_s + n_i}{2} = n_c + Dt + D_{1-\alpha} t^{(1-\alpha)}(1 + B_1 t^\Delta + B_2 t^{2\Delta} + ...) + D_{2\beta} t^{2\beta} \tag{IV-3}$$

où n_c représente l'indice optique critique et les facteurs D, $D_{1-\alpha}$ et $D_{2\beta}$ sont indépendants de la température. Les coefficients B_1 et B_2 qui représentent la correction d'échelle de Wegner apportée à l'amplitude au premier et au deuxième ordre sont spécifiques pour le mélange objet d'étude [2].

2) Résultats et analyse

a) Résultats de mesure

Les résultats de mesure de l'indice optique n des phases existantes du mélange étudié en fonction de la température sont reportés dans le *tableau* (IV-5). Ces données expérimentales sont représentées dans la *figure* (IV-4). Pour une température inférieure à la température critique (T < 311 K), la phase est homogène, par contre pour une température supérieure à la température critique (T > 311 K), le système électrolytique présente deux phases distinctes.

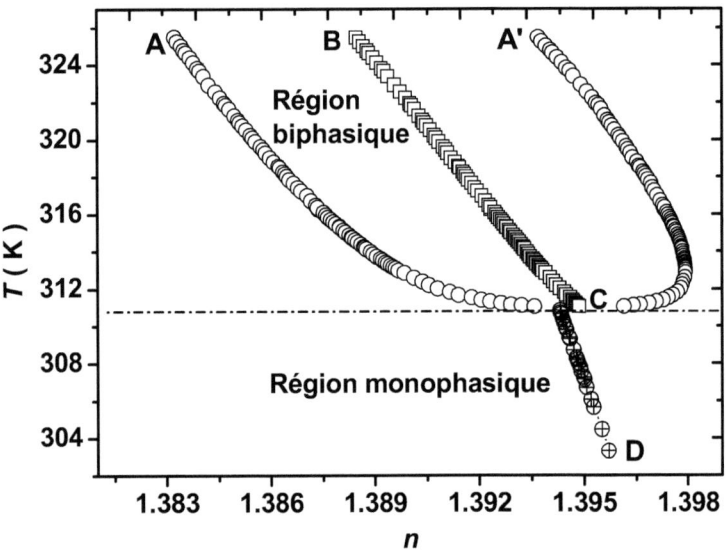

Figure (IV- 4): *Courbe de coexistence en indice optique dans les différentes phases en fonction de la température. (ACA') ligne critique, (CB) diamètre de la courbe de coexistence et (CD) résultats dans la région monophasique pour $T < T_c$* [12].

L'ajustement des résultats (*figure*IV-5) selon l'équation (IV-2) sont rassemblés dans le *tableau* (IV-1). La valeur de la température critique: $T_c = (311,020 \pm 0,011)$ K obtenue à partir de l'ajustement est très proche de la valeur expérimentale. L'exposant critique β obtenu, associé au paramètre d'ordre est conforme à la théorie (β = 0,326). La valeur négative de l'amplitude B_1 montre un changement décroissante de l'exposant effectif $β_{eff}$ avec la température réduite *t*.

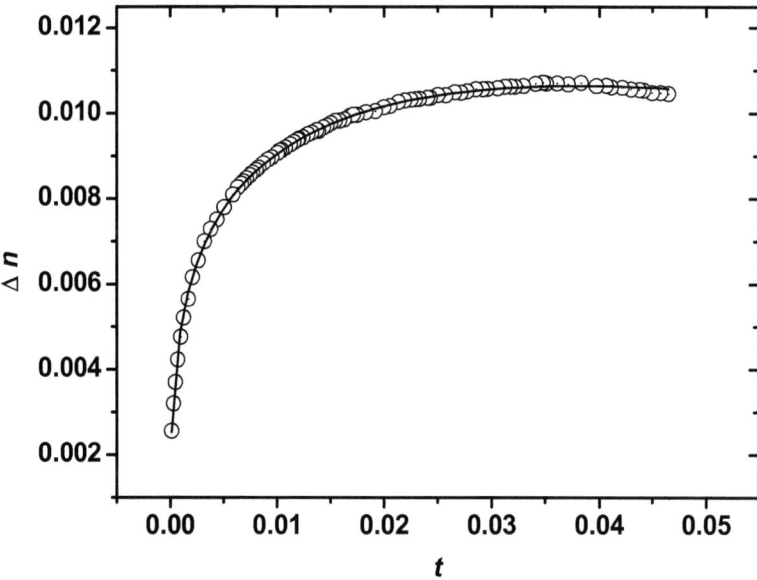

Figure (IV-5): *La différence de l'indice optique Δn des phases existantes en fonction de la température réduite t. Le Symbole (O) indique les résultats expérimentaux et la ligne continue est l'ajustement selon l'équation (IV-2) (Tableau (IV-1))* [12].

Les résultats d'ajustement du diamètre de la courbe de coexistence (*Figure (IV-6)*) sont rassemblés dans le *tableau* (IV-2). L'analyse de ce diamètre a été effectuée en examinant alternativement les contributions de la limite linéaire seulement (Ajustement (I)), en ajoutant les termes linéaires singuliers pour l'ajustement (II), et le terme $+2\beta$ pour l'ajustement (III).

L'indice optique *n* du mélange a été mesuré aussi dans la région monophasée. Elle varie linéairement avec la température ainsi que pour le diamètre de la courbe de coexistence. Une extrapolation non linéaire des résultats convenablement choisis dans la région monophasique donne : **n_c = 1,39429 ± 2×10^{-5}**, tandis que son ajustement dans la région bi-phasique donne : n_c = **1,39496 ± 10^{-5}**.

La différence entre les deux valeurs obtenues **δn_c = 0,00067 ± 3×10^{-5}**, cette différence est due au sel et aux impuretés susceptibles d'être présentes [4-7].

Aux erreurs de mesures expérimentales près, aucune déviation de la loi de la linéarité du diamètre n'a pas été observée. Dans tout l'intervalle de la température réduite, les déviations normalisées par la déviation standard estimée, sont représentées dans les *figures* (IV-7 et IV-8) et sont définies comme $(X_{exp}-X_{cal})/\sigma$, où X représente la différence Δn (*équation* (IV-2)) ou le diamètre n_d (*équation* (IV-3)), la déviation standard σ peut être exprimée comme suit :

$$\sigma = \sqrt{\frac{\sum_{i=1}^{i=N}\left(\frac{n_{i,Exp}-n_{i,Cal}}{n_{i,Exp}}\right)^2}{N-k}} \qquad (\text{IV-4})$$

où N et k représentent respectivement les nombres de points des données expérimentales et de paramètres libres.

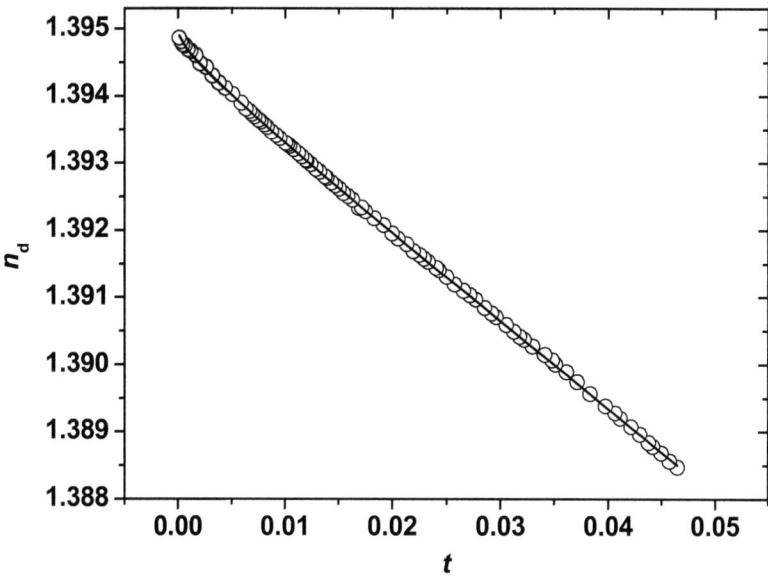

Figure (IV-6): *Le diamètre de la courbe de coexistence de l'indice optique en fonction de la température réduite t. Le symbole (O) indique les résultats expérimentaux, la ligne continue est l'ajustement selon l'équation (IV-3) (Tableau (IV-2))* [12].

Les *figures* (IV-7) et (IV-8) montrent la qualité des ajustements de l'indice optique (Δn et n_d) dans la région bi-phasique et dans la gamme explorée de température.

Ainsi, nous avons constaté que l'extension non-classique de Wegner est capable de représenter toutes nos données dans l'incertitude estimée.

Néanmoins, dans les extrémités de la gamme de la température réduite t, la dispersion non centrée devient non uniformément distribuée et les déviations sont non homogènes et augmentent considérablement. Ainsi, cette déviation devient élevée quand la température réduite tend vers zéro ou s'approche de la limite supérieure étudiée pour les intervalles ($t < 10^{-3}$ ou $t > 5 \times 10^{-2}$).

Notons que la variation normale pour les points près de T_c, ne sont pas compatibles avec la tendance des autres points. En fait, il est clair qu'une petite erreur dans les mesures de n_s et n_i correspondants respectivement aux phases supérieure et inférieure apparaît comme une erreur très grande dans leur différence Δn. On rencontre également le même problème dans le calcul de la température réduite t à partir de la valeur expérimentale de la température critique T_c^{Exp} et la température de transition de phase T_t. On note que l'incertitude sur la différence Δn dépasse sa valeur pour certains points de mesure au voisinage de la température critique T_c.

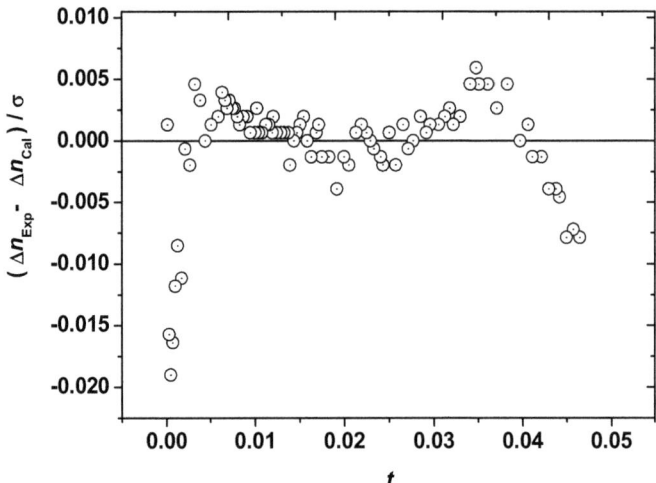

***Figure* (IV-7)**: *Représentation de la déviation de la différence de l'indice optique des phases existantes, en fonction de la température réduite t* [12].

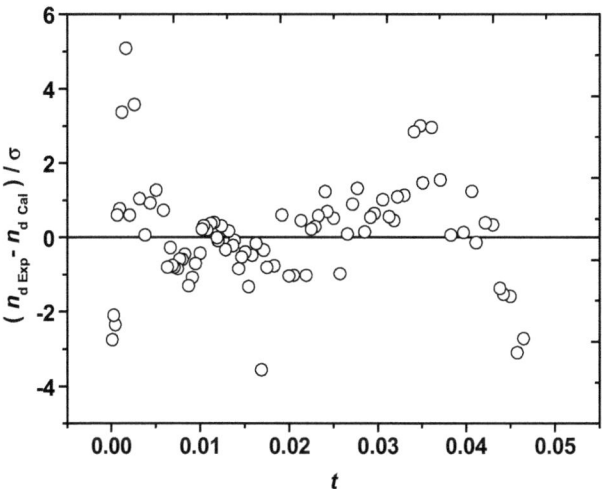

Figure (IV-8): *Représentation de la déviation du diamètre de l'indice optique, en fonction de la température réduite t* [12].

b) L'exposant effectif

Afin de caractériser mieux l'effet des deux corrections aux lois d'échelle, il est utile de reconsidérer l'exposant effectif β_{eff} dans les données en indice optique qui est défini comme suit:

$$\beta_{eff} = \frac{\partial \operatorname{Ln}(\Delta n)}{\partial \operatorname{Ln} t} \tag{IV-5}$$

Où la différence Δn a été exprimée par l'équation (IV-2) et représente la différence entre les indices optiques des phases supérieure et inférieure:

$\Delta n = n_s - n_i$.

En utilisant l'équation (IV-5) on obtient :

$$\beta_{eff} = \beta_0 + \frac{B_1 \Delta t^{\Delta} + 2B_2 \Delta t^{2\Delta}}{1 + B_1 t^{\Delta} + B_2 t^{2\Delta}} \tag{IV-6}$$

Les valeurs β_{eff} en fonction de la température réduite t ont été calculées en utilisant l'équation (IV-6). En général, la tendance finale de β_{eff} à sa valeur asymptotique ($\beta_0 = \beta_{Ising} = 0{,}326$) quand $t \to 0$, n'est pas universelle. En particulier, quand B_1 est négatif le changement de l'exposant effectif avec la température réduite t est décroissant, comme l'indique la *figure* (IV-9).

On note que, pour le mélange objet d'étude, l'exposant effectif β_{eff} relatif à la densité massique et étudiée dans la littérature [3] montrent un minimum peu profond suivi d'une augmentation, dans un intervalle restreint de température réduite, l'exposant effectif β_{eff} loin du point critique est de l'ordre de 0,5. Dans ce cas, l'étude mathématique montre que B_1 prend une faible valeur négative tandis que B_2 prend une valeur positive plus élevée dans les corrections de Wegner, lorsque la tendance vers la valeur classique peut être non monotone. Dans ce domaine, quand la loi non classique de puissance est pratiquement absente, le comportement asymptotique d'Ising est annulé par les deux limites de la correction de Wegner (avec B_1 et B_2 sont des amplitudes).

En conséquence la différence d'indice optique (Δn) entre les phases supérieure et inférieure reste constante. On note aussi que, le comportement d'atténuation non asymptotique est observé aussi dans la littérature [8-10]. Nous concluons alors que la détermination du comportement asymptotique ou de développement de Wegner consiste à se placer prés du point critique pour obtenir des données expérimentales convenables.

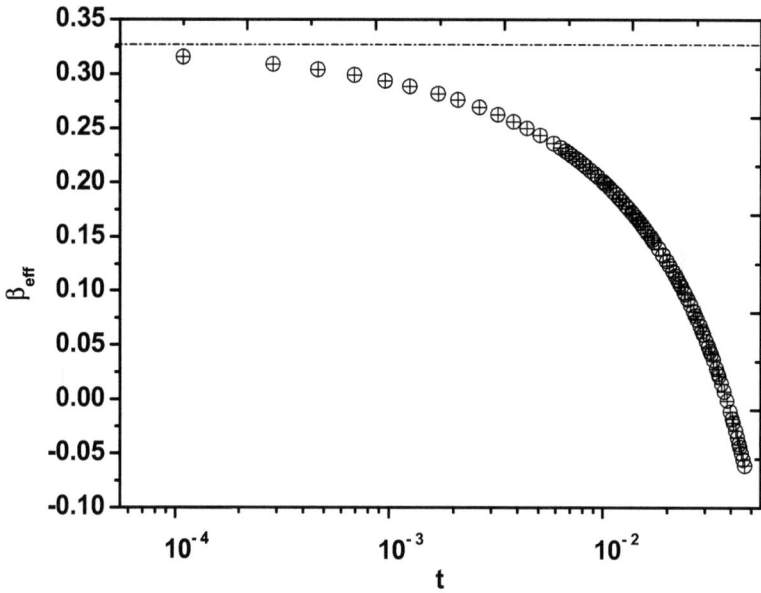

Figure (IV-9): *Représentation de l'exposant effectif β_{eff} (équation IV-5) en fonction de la température réduite t correspondant à l'indice optique n ($B_1 < 0$)* [12].

IV/ Analyse de l'indice optique dans la région monophasique

1) Introduction

Dans cette partie nous abordons l'étude de l'indice optique n du mélange étudié dans la région monophasique. L'indice optique a été mesuré en fonction de la température pour plusieurs compositions critiques, le long de la courbe de coexistence en dessous de la température de transition de phase T_t. La composition massique de l'eau dans les mélanges s'étend de 0,20 à 0,60 alors que la molalité de chlorure de potassium KCl s'étend de 0,47 à 2,039 mol par kilogramme de mélange de solvant.

2) Résultats et discussion

Les résultats de mesure de l'indice optique en fonction de la température pour différentes fractions massiques de l'eau et de la molalité du chlorure de potassium sont reportés dans le *tableau* (IV-6) et portés sur la *figure* (IV-10).

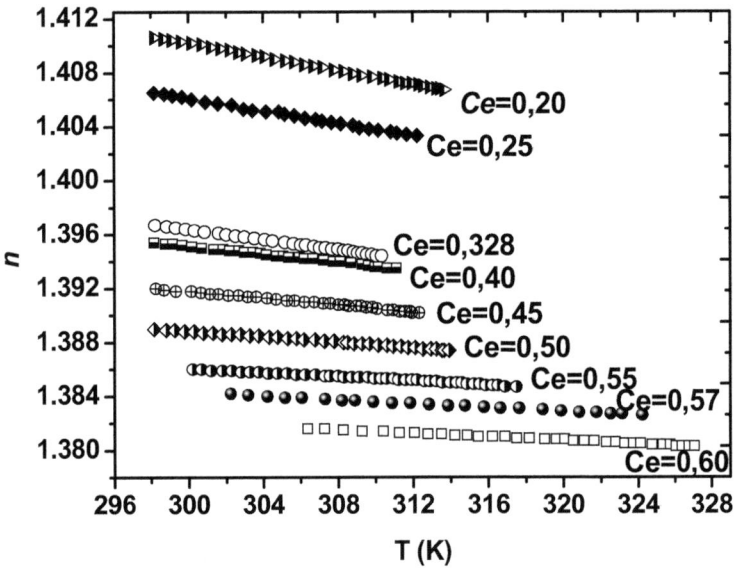

Figure (IV-10): *Représentation de l'indice optique du mélange étudié en fonction de la température pour différentes compositions en eau et en 1,4-dioxane en présence du sel KCl à la saturation. La composition en eau est indiquée en fraction massique (Ce)* [13].

La *figure* (IV-10) prouve que l'indice optique diminue quand, la composition massique (*Ce*) de l'eau, la molalité (*m*) du chlorure de potassium et la température augmentent.

Les valeurs de l'indice optique n peuvent être corrélées en fonction de la température, selon l'équation suivante:

$$n = A_n + B_n T \tag{IV-7}$$

Les coefficients A_n et B_n sont regroupés dans le *tableau* (IV-3). En analysant ces coefficients, nous constatons que le coefficient A_n diminue linéairement avec la composition en eau et la concentration du sel, tandis que B_n augmente linéairement avec la composition de l'eau et avec celle du sel.

Tableau (IV-3): *Résultats d'ajustements selon l'équation (IV-7) de l'indice optique **n**.*

m (mol.kg^{-1})	Ce	A_n	B_n
0,470	0,20	$1,4870 \pm 3,496\times10^{-4}$	$-2,560\times10^{-4} \pm 1,140\times10^{-6}$
0,488	0,25	$1,4751 \pm 7,117\times10^{-4}$	$-2,302\times10^{-4} \pm 2,329\times10^{-6}$
0,550	0,328	$1,4538 \pm 3,818\times10^{-4}$	$-1,913\times10^{-4} \pm 1,250\times10^{-6}$
0,792	0,40	$1,4397 \pm 5,680\times10^{-4}$	$-1,485\times10^{-4} \pm 1,863\times10^{-6}$
1,154	0,45	$1,4296 \pm 5,442\times10^{-4}$	$-1,260\times10^{-4} \pm 1,777\times10^{-6}$
1,446	0,50	$1,4192 \pm 3,919\times10^{-4}$	$-1,014\times10^{-4} \pm 1,277\times10^{-6}$
1,771	0,55	$1,4086 \pm 3,530\times10^{-4}$	$-7,521\times10^{-5} \pm 1,140\times10^{-6}$
1,906	0,57	$1,4055 \pm 2,687\times10^{-4}$	$-7,064\times10^{-5} \pm 8,572\times10^{-7}$
2,039	0,60	$1,4015 \pm 2,801\times10^{-4}$	$-6,502\times10^{-5} \pm 8,797\times10^{-7}$

La *figure* (IV-11) montre la dépendance de l'indice optique de la température réduite *t*. Une anomalie de l'indice est observée près de la température critique.

Près du point critique du mélange liquide-liquide, l'indice optique est donné par [13]:

$$n = n_c + n_{reg}(t) + n_{crit}(t) \tag{IV-8}$$

où n_c représente l'indice optique critique, n_{reg} la fonction analytique qui tient compte du changement non critique de *n* avec la température, et qui peut être exprimée comme [13]:

$$n_{reg}(t) = A_1 t + A_2 t^2 + ... \quad \text{(IV-9)}$$

La contribution critique est donnée par [13]: (c'est le phénomène de criticalité)

$$n_{crit}(t) = A_{cr} t^{1-\alpha}(1 + at^\Delta + bt^{2\Delta} + ...) \quad \text{(IV-10)}$$

Avec A_{cr} est la principale amplitude critique, alors que a et b sont les amplitudes de correction aux lois d'échelle, et α l'exposant critique caractérisant la divergence de la chaleur spécifique, et l'expansion thermique près de T_C. *Le tableau* (IV-4) donne les paramètres des équations (IV-8, IV-9 et IV-10) après l'ajustement on prend $\alpha = 0,11$ et en absence de termes de correction d'échelle pour l'équation (IV-10). Selon la théorie, les principales contributions critiques à l'indice optique sont issues de l'anomalie de la densité et de $\frac{dT_c}{dE^2}$, toutes les deux ont une dépendance de la température réduite en $t^{1-\alpha}$ et on y aura deux contributions A_{cr} dans l'équation (IV-10), où T_c est la température critique et E le champ électrique influencé par l'électrolyte [11].

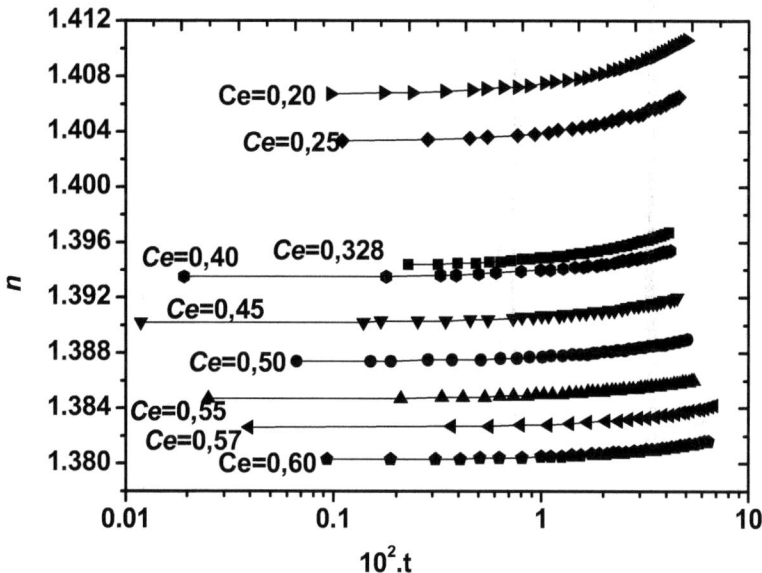

Figure (IV-11): *Représentation semi-log de l'indice optique n du mélange étudié pour différentes compositions en eau et en 1,4-dioxane en présence du sel KCl à la saturation. La composition en eau est indiquée en fraction massique (Ce)* [13].

Tableau (III-4): *Résultats d'ajustement de l'indice optique n selon les équations (IV-8, IV-9 et IV-10).*

m (mol.kg^{-1})	Ce	n_c	A_1	A_{cr}	χ^2
0,470	0,20	1,40662 ± 2×10^{-5}	0,072 ± 0,011	0,006 ± 0,008	1,331×10^{-9}
0,488	0,25	1,40321 ± 4×10^{-5}	0,087 ± 0,019	-0,011 ± 0,014	2,688×10^{-9}
0,550	0,328	1,39420 ± 2×10^{-5}	0,039 ± 0,011	0,014 ± 0,008	6,115×10^{-10}
0,792	0,40	1,39345 ± 3×10^{-5}	0,022 ± 0,014	0,017 ± 0,001	1,416×10^{-9}
1,154	0,45	1,39015 ± 2×10^{-5}	-0,008 ± 0,010	0,034 ± 0,007	1,204×10^{-9}
1,446	0,50	1,38733 ± 2×10^{-5}	-0,004 ± 0,008	0,026 ± 0,006	9,155×10^{-9}
1,771	0,55	1,38465 ± 2×10^{-5}	-0,012 ± 0,007	0,027 ± 0,005	8,928×10^{-10}
1,906	0,57	1,38260 ± 2×10^{-5}	0,027 ± 0,007	-0,003 ± 0,005	8,085×10^{-9}
2,039	0,60	1,38024 ± 2×10^{-5}	0,008 ± 0,007	0,010 ± 0,005	9,017×10^{-9}

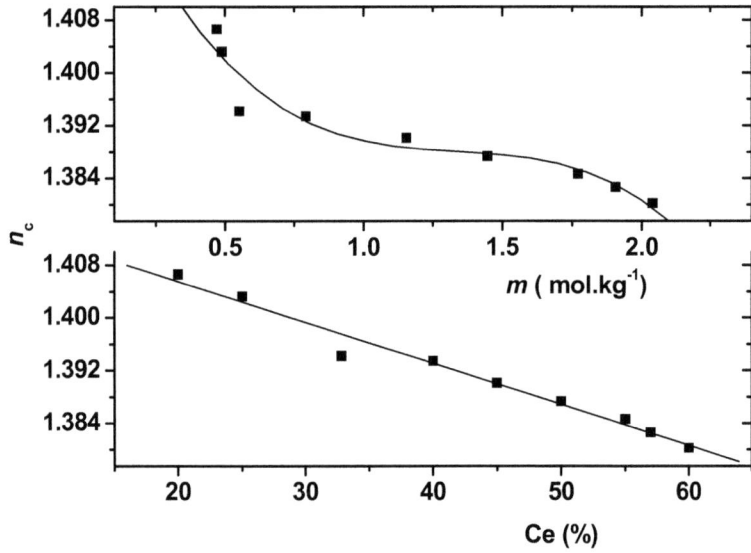

Figure (IV-12): *Variation de l'indice optique critique n_c du mélange étudié en fonction de la composition massique (Ce) de l'eau et de la molalité (m) du KCl* [13].

La *figure* (IV-12) montre que l'indice critique n_c varie linéairement avec la composition massique (*Ce*) d'eau: $n_c = 1,4179 - 6,206 \times 10^{-4}\ Ce$ et avec la molalité *m* du KCl en un polynôme de troisième degré :
$n_c = 1,4387 - 0,108\ m + 0,078\ m^2 - 0,019\ m^3$

V/ Conclusion

Dans la première partie nous avons étudié la courbe de coexistence en indice optique du mélange critique étudié près et loin de son point critique. L'analyse des données expérimentales nous a permis de déterminer les exposants critiques β et Δ, leurs valeurs trouvées sont en bon accord avec la littérature.

On a étudié la dépendance de la valeur critique asymptotique d'exposant β et sa sensibilité à l'erreur prés de la température critique et le choix du paramètre d'ordre.

Nous concluons qu'au voisinage de la température critique, l'indice optique constitue un bon paramètre d'ordre pour décrire la courbe de coexistence d'un système ionique ternaire critique comme fluide binaire. Loin du point critique une déviation du comportement asymptotique est observée.

Dans la deuxième partie, les résultats obtenus montrent que l'indice optique dans la région monophasique diminue quand, la composition massique (*Ce*) de l'eau, la molalité (*m*) du chlorure de potassium et la température augmentent.

La dépendance de l'indice optique peut être bien décrite par une équation linéaire empirique.

Nous avons aussi mis en évidence une anomalie de l'indice optique près du point critique.

L'indice optique critique n_c varie linéairement avec la composition massique (*Ce*) de l'eau et en polynôme de troisième degré avec la molalité (*m*) du sel KCl.

Références

[1] M. Ley-Koo, M. S. Green, *Phys. Rev.* A **23**, 2650 (1981).

[2] F. J. Wagner, *Phys. Rev.* B **5**, 4529 (1972).

[3] H. L. Bianchi, M. L. Japas, *J. Chem. Phys.* **115** (22), 10472 (2001).

[4] M. Bouanz, D. Beysens, *J. Chem. Phys. Lett.* **231**, 105 (1994).

[5] A. Toumi, M. Bouanz, *Euro. Phys. J.* E **2**, 211 (2000).

[6] A. Toumi, M. Bouanz, A. Gharbi, *Chem. Phys. Lett.* **362**, 567 (2002).

|7] A. Toumi, M. Bouanz, A. Gharbi, *Phys. Chem. News*, **13**, 126 (2003).

[8] K. Gutkowski, M. A. Anisimov, J. V Sengers, *J. Chem. Phys.* **114** (7), 3133(2001).

[9] G. Orkoulas, A. Z. Panagiotopoulos, M. E. Fisher, *Phys. Rev.* E **61**, 5930 (2000).

[10] M. Wagner, O. Stanga, W.Schröer, *Phys. Chem. Chem. Phys.* **6**, 4421 (2004).

[11] J.V, Senger, D. Bedeaux, P. Mazur, S.C. Greer, *Physica* A **104**, 573 (1980).

[12] T. Kouissi, M. Bouanz, N. Ouerfelli, *J. Chem. Eng. Data*, **54**, 566 (2009).

[13] T. Kouissi, M. Bouanz, *Pluide Phase Equilibria*, **293**, 79 (2010).

Tableau (IV-5): *Les données expérimentales de l'indice optique du mélange étudié des différentes phases existantes en fonction de la température T. Les coefficients n, n_i et n_s désignent respectivement l'indice optique de la région monophasique, de la phase inférieure et de la phase supérieure [12].*

T (K)	n	n_i	n_s	T (K)	n_i	n_s
303,315	1,3957			314,874	1,3977	1,3882
304,483	1,3955			314,028	1,3976	1,3881
305,658	1,3952			315,134	1,3976	1,3880
306,078	1,3951			315,284	1,3976	1,3879
306,706	1,3950			315,334	1,3975	1,3879
307,144	1,3950			315,474	1,3975	1.3878
307,267	1,3949			315,587	1,3975	1,3878
307,579	1.3949			315,695	1,3975	1,3877
307,790	1,3948			315,819	1,3974	1,3876
308,039	1,3948			315,948	1,3974	1,3875
308,198	1,3948			316,085	1,3973	1,3875
308,289	1,3947			316,267	1,3973	1,3873
308,708	1,3947			316,348	1,3973	1,3873
309,305	1,3946			316,463	1,3972	1,3873
309,395	1,3945			316,710	1,3971	1,3871
309,781	1,3945			316,984	1,3971	1,3870
309,929	1,3944			317,230	1,3970	1,3869
310,193	1,3944			317,407	1,3969	1,3868
310,412	1,3943			317,650	1,3969	1,3866
310,649	1,3943			317,843	1,3968	1,3865
310,720	1.3943	\multicolumn{2}{c}{$T > T_c$}		318,021	1,3968	1,3864
310,829	1,3943			318,153	1,3967	1,3864
311,054		1,3961	1,3935	318,268	1,3967	1,3863
311,110		1,3964	1,3932	318,500	1,3966	1,3862
311,165		1,3966	1,3929	318,579	1,3966	1,3862

311,235	1,3968	1,3926	318,799	1,3965	1,3860
311,319	1,3970	1,3923	319,028	1,3964	1,3859
311,409	1,3972	1,3920	319,285	1,3963	1,3858
311,547	1,3974	1,3917	319,463	1,3962	1,3858
311,671	1,3975	1,3914	319,630	1,3962	1,3857
311,842	1,3977	1,3911	319,893	1,3961	1,3855
312,023	1,3978	1,3908	320,095	1,3960	1,3855
312,208	1,3978	1,3905	320,229	1,3960	1,3854
312,392	1,3978	1,3903	320,526	1,3958	1,3853
312,598	1,3979	1,3901	320,739	1,3958	1,3852
312,848	1,3979	1,3898	320,915	1,3957	1,3851
312,990	1,3979	1,3896	321,041	1,3957	1,3850
313,091	1,3979	1,3896	321,281	1,3956	1,3849
313,165	1,3979	1,3895	321,630	1,3955	1,3848
313,240	1,3979	1,3894	321,838	1,3954	1,3847
313,421	1,3979	1,3893	321,936	1,3953	1,3846
313,520	1,9791	1,3892	322,243	1,3952	1,3845
313,601	1,9790	1,3891	322,560	1,3951	1,3844
313,733	1,3978	1,3890	322,935	1,3949	1,3842
313,862	1,3978	1,3889	323,380	1,3947	1,3840
313,973	1,3978	1,3888	323,664	1,3946	1,3839
314,138	1,3978	1,3887	323,815	1,3945	1,3838
314,201	1,3978	1,3887	324,130	1,3943	1,3837
314,260	1,3978	1,3886	324,392	1,3942	1,3836
314,370	1,3978	1,3886	324,641	1,3941	1,3835
314,511	1,3977	1,3885	324,768	1,3940	1,3835
314,614	1,3977	1,3884	325,006	1,3939	1,3834
314,728	1,3977	1,3883	325,249	1,3938	1,3833
314,760	1,3977	1,3883	325,476	1,3937	1,3832

Tableau (IV-6): *Les indices optiques du mélange étudié en fonction de la température pour différentes compositions en eau et en 1,4-dioxane en présence du sel KCl à la saturation (Ce=0,20; m=0,470 mol.kg^{-1}), (Ce=0,2; m=0,488 mol.kg^{-1}) (Ce=0,328 ; m=0,55 mol.kg^{-1}), (Ce=0,40 ;m=0,792 mol.kg^{-1}), (Ce=0,45 ;m=1,154 mol.kg^{-1}), (Ce=0,50 ; m=1.446 mol.kg^{-1}), (Ce=0,55 ; m=1,771 mol.kg^{-1}), (Ce=0,57 ; m=1,906 mol.kg^{-1}) (Ce=0,60 ; m=2,039 mol.kg^{-1}). Ce et T_t^{Exp} sont respectivement la fraction massique d'eau dans le mélange et la température de transition de phase* [13].

T (K)	n	T (K)	n	T (K)	n
m =0,470 mol.kg^{-1} Ce=0,20		m =0,488 mol.kg^{-1} Ce=0,25		m =0,55 mol.kg^{-1} Ce=0,328	
T_t^{Exp} =313,973K		T_t^{Exp} =312,567K		T_t^{Exp} =311,032K	
298,151	1,4106	298,158	1,4065	298,205	1,3967
298,662	1,4105	298,706	1,4064	298,827	1,3966
299,086	1,4104	299,162	1,4063	299,311	1,3965
299,585	1,4103	299,660	1,4062	299,820	1,3964
300,144	1,4102	300,153	1,4060	300,294	1,3963
300,676	1,4101	300,902	1,4058	300,830	1,3962
301,174	1,4099	301,565	1,4057	301,590	1,3961
301,674	1,4098	302,305	1,4056	301,986	1,3960
302,165	1,4097	302,954	1,4053	302,480	1,3959
302,641	1,4095	303,436	1,4052	302,968	1,3958
303,037	1,4094	304,167	1,4051	303,505	1,3957
303,640	1,4093	304,852	1,4051	304,066	1,3956
304,070	1,4092	305,163	1,4049	304,490	1,3955
304,597	1,4090	305,696	1,4048	305,155	1,3954
305,172	1,4089	306,255	1,4046	305,615	1,3953
305,653	1,4088	306,812	1,4045	306,012	1,3952
306,176	1,4086	307,151	1,4044	306,274	1,3952
306,662	1,4085	307,653	1,4043	306,701	1,3951
307,152	1,4084	308,154	1,4042	307,010	1,3950
307,758	1,4082	308,814	1,4041	307,310	1,3950
308,287	1,4081	309,170	1,4039	307,647	1,3949
308,760	1,4079	309,680	1,4038	307,975	1,3949

309,230	1,4078	310,164	1,4037	308,283	1,3948
309,814	1,4077	310,843	1,4036	308,520	1,3948
310,358	1,4076	311,151	1,4035	308,806	1,3947
310,731	1,4075	311,680	1,4034	309,040	1,3946
311,239	1,4073	312,223	1,4033	309,275	1,3946
311,581	1,4072	m =1,154 mol.kg^{-1} Ce=0,45		309,520	1,3945
311,923	1,4072	T_t^{Exp}=312,357K		309,800	1,3945
312,274	1,4071	298,243	1,3920	310,043	1,3944
312,519	1,4070	298,685	1,3919	310,320	1,3944
312,898	1,4069	299,310	1,3918	m =1,446 mol.kg^{-1} Ce=0,50	
313,227	1,4068	300,132	1,3918	T_t^{Exp} =314,122K	
313,428	1,4068	300,632	1,3917	298,150	1,3890
313,670	1,4067	301,113	1,3916	298,802	1,3889
m =0,792 mol.kg^{-1} Ce=0,40		301,576	1,3916	299,260	1,3889
T_t^{Exp} =311,170K		302,102	1,3915	299,783	1,3888
298,153	1,3954	302,654	1,3915	300,283	1,3888
298,752	1,3953	303,142	1,3914	300,760	1,3887
299,160	1,3953	303,608	1,3914	301,280	1,3887
299,653	1,3952	304,202	1,3913	301,754	1,3886
300,151	1,3951	304,686	1,3912	302,255	1,3886
300,690	1,3950	305,274	1,3911	302,772	1,3886
301,322	1,3949	305,674	1,3911	303,258	1,3885
301,82	1,3949	306,190	1,3910	303,749	1,3885
302,670	1,3948	306,703	1,3910	304,305	1,3884
302,674	1,3948	307,181	1,3909	304,772	1,3884
302,973	1,3947	307,560	1,3909	305,290	1,3883
303,444	1,3947	307,992	1,3908	305,771	1,3883
303,843	1,3946	308,343	1,3908	306,160	1,3882
304,153	1,3945	308,541	1,3907	306,757	1,3882
304,713	1,3944	308,970	1,3907	307,251	1,3881
305,070	1,3944	309,215	1,3907	307,762	1,3881
305,355	1,3943	309,501	1,3906	308,267	1,3880
305,921	1,3943	309,841	1,3906	308,480	1,3880
306,190	1,3942	310,065	1,3905	308,843	1,3879

306,636	1,3942	310,618	1,3904	309,282	1,3879
307,209	1,3941	310,934	1,3904	309,683	1,3879
307,730	1,3940	311,274	1,3903	310,137	1,3878
308,092	1,3940	311,565	1,3903	310,615	1,3878
308,683	1,3939	311,829	1,3903	310,950	1,3877
309,281	1,3938	311,921	1,3902	311,365	1,3877
309,611	1,3937	312,320	1,3902	311,720	1,3876
309,960	1,3936	m =1,771 mol.kg^{-1} Ce=0,55		312,120	1,3876
310,150	1,3936	T_t^{Exp} =317,565K		312,510	1,3875
310,613	1,3935	300,194	1,3860	312,952	1,3875
311,110	1,3935	300,662	1,3860	313,226	1,3875
m =2,039mol.kg^{-1} Ce=0,60		301,173	1,3859	313,529	1,3874
T_t^{Exp} =327,365K		301,770	1,3859	313,648	1,3874
306,350	1,3816	302,280	1,3859	313,913	1,3874
307,259	1,3816	302,786	1,3858	m =1,906 mol.kg^{-1} Ce=0,57	
308,246	1,3815	303,256	1,3858	T_t^{Exp} =324,325K	
309,264	1,3814	303,759	1,3858	302,220	1,3842
310,392	1,3814	304,248	1,3857	303,166	1,3841
311,252	1,3813	304,758	1,3857	304,213	1,3840
312,048	1,3813	305,271	1,3857	305,160	1,3839
312,758	1,3812	305,758	1,3856	306,050	1,3839
313,499	1,3812	306,231	1,3856	307,285	1,3838
314,207	1,3811	306,771	1,3856	308,179	1,3837
314,859	1,3811	307,272	1,3855	308,882	1,3837
315,467	1,3810	307,545	1,3855	309,860	1,3836
316,217	1,3810	307,972	1,3855	310,860	1,3835
316,883	1,3810	308,287	1,3854	311,835	1,3835
317,486	1,3809	308,708	1,3854	312,834	1,3834
318,166	1,3809	309,102	1,3854	313,853	1,3833
318,972	1,3808	309,586	1,3854	314,754	1,3833
319,590	1,3808	309,917	1,3853	315,766	1,3832
320,040	1,3808	310,278	1,3853	316,628	1,3831
320,502	1,3807	310,563	1,3853	317,632	1,3831
321,091	1,3807	310,958	1,3853	318,870	1,3830

321,620	1,3807	311,202	1,3852	319,860	1,3829
322,270	1,3806	311,590	1,3852	320,825	1,3828
322,760	1,3806	311,921	1,3852	321,750	1,3828
323,248	1,3805	312,200	1,3852	322,500	1,3827
323,720	1,3805	312,590	1,3851	323,123	1,3827
324,101	1,3805	312,881	1,3851	324,197	1,3826
324,721	1,3804	313,220	1,3851		
325,310	1,3804	313,548	1,3850		
325,705	1,3804	313,965	1,3850		
326,028	1,3803	314,305	1,3850		
326,351	1,3803	314,580	1,3850		
326,750	1,3803	314,850	1,3849		
327,060	1,3803	315,231	1,3849		
		315,552	1,3849		
		315,860	1,3848		
		316,231	1,3848		
		316,510	1,3848		
		316,896	1,3847		
		317,485	1,3847		

Chapitre V

Etude de la densité massique, la viscosité et la réfraction molaire du mélange 1,4-dioxane – eau + KCl saturé

A/ Etude de la densité massique
I/ Introduction

On procède dans ce chapitre par une autre méthode thermodynamique qui consiste à mesurer la densité massique du même mélange. Bianchi et *coll.*[1] ont mesuré la densité massique dans la région bi-phasique, ils ont montré que celle-ci constitue un paramètre d'ordre adéquat.

Dans le présent chapitre nous allons étudier le comportement de ce mélange dans la région monophasique en dessous du point critique en fonction de la température pour différentes compositions du mélange.

II/ Techniques expérimentales
1) Dispositif expérimental
a) Appareillage

La détermination de la densité massique consiste à utiliser un dispositif expérimental composé de:

- Un bain thermostaté.
- Un thermomètre à quartz de haute précision ($\pm 2 \times 10^{-3}$ °C).
- Un densimètre électronique.
- Une cellule qui sert à loger l'échantillon préparé.

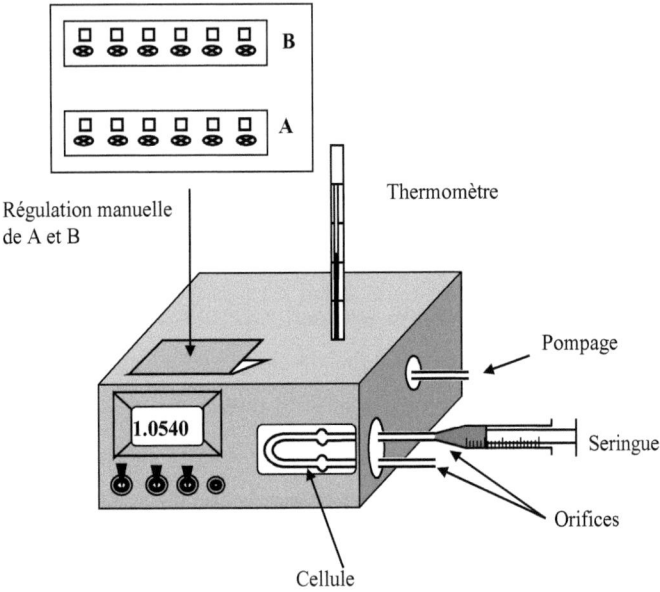

Figure (V-1) : *Dispositif expérimental : Le densimètre automatique.*

b) Description et principe de mesure de la densité massique

La densité massique est mesurée à l'aide d'un densimètre à affichage automatique de type "Calculating digital densimeter PAAR DMA 46 ", il est ultra-précis d'incertitude $\pm 10^{-4}$ g.cm^{-3}

L'appareil comprend trois parties essentielles:
- La cellule de mesure.
- Le système d'excitation de la cellule.
- Le calculateur.

La cellule de mesure est constituée d'un tube oscillateur de verre en forme de U de volume V_0 et de masse M_0 suspendue à un ressort de constante de raideur K placé dans un boite métallique. La cellule est remplie d'un fluide de densité massique ρ puis excitée de façon non amortie. La fréquence des oscillations est évaluée automatiquement par cette expression:

$$f = \frac{1}{2\pi}\sqrt{\frac{K}{M_0 + \rho V_0}} \qquad (V\text{-}1)$$

Cette relation nous permet de connaître la densité massique connaissant la fréquence ou la période correspondante.

Connaissant les densités massiques de deux fluides pris comme étalons :
- L'air de densité massique ρ_a.
- L'eau de densité massique ρ_e.

La période des oscillations T_e d'un fluide étalon est déterminée par la relation :

$$T_e^2 = \frac{4\pi^2(M_0 + \rho_e V_0)}{K} = \frac{4\pi^2 M_0}{K} + \frac{4\pi^2 V_0}{K}\rho_e \qquad (V\text{-}2)$$

$$T_e^2 = A\rho_e + B \qquad (V\text{-}3)$$

Avec $A = \dfrac{4\pi^2 V_0}{K}$ et $B = \dfrac{4\pi^2 M_0}{K}$ et en considérant que V_0, M_0 et K sont des constantes à une température donnée, on peut écrire que :

$$A = \frac{T_e^2 - T_a^2}{\rho_e - \rho_a} \qquad (V\text{-}4)$$

Et

$$B = \frac{T_a^2 \rho_e - T_e^2 \rho_a}{\rho_e - \rho_a} = T_e^2 - A\rho_e \qquad (V\text{-}5)$$

Où T_a est la période des oscillations de l'air.

Après avoir présélectionné la température à l'aide du thermostat incorporé on remplit la cellule avec de l'eau tri-distillée à l'aide d'une seringue, en évitant d'avoir des bulles d'air.

Nous lisons alors la valeur de T_e affichée sur l'afficheur numérique, on refait la même opération pour l'air, pour connaître la valeur de T_a.

Nous déterminons ensuite d'après les équations (V-4) et (V-5) les valeurs de A et de B pour chaque température de mesure. Les deux valeurs sont saisies dans la mémoire sur les afficheurs numériques correspondants.

Une fois l'appareil est étalonné en introduisant le fluide et avec le choix de la température, la densité massique est affichée.

c) Réglage thermique

La régulation thermique automatique de la cellule de mesure est assurée par un élément à effet de Peltier en contact avec le logement de la cellule. Un thermomètre à résistance de palatine mesure la température de l'enceinte. La précision du système de la régulation thermique est voisine de 0,05°C. Les radiateurs de refroidissement de l'élément à effet Peltier sont refroidis par air pulsé. Un ventilateur aspire l'air sur la face avant et le rejette au niveau de la face arrière.

d) Les constantes d'étalonnage

On calculons les coefficients d'étalonnage A et B à partir des équations (V-2) et (V-3). Leurs valeurs numériques dépendent de la température, alors il est nécessaire de tenir compte de leurs variations à chaque température de mesure. Les constantes A et B seront entrées en mémoire sur les afficheurs numériques correspondants (18) et (20) (voir *figure* V-2*)*. Il est nécessaire de confirmer que ces valeurs sont mémorisées correctement en plaçant le sélecteur (19) sur les positions "A" et "B". Ces valeurs apparaîtront alors sur l'afficheur. En plaçant le sélecteur (19) sur "ρ", l'afficheur de lecture donne directement les valeurs des densités massiques.

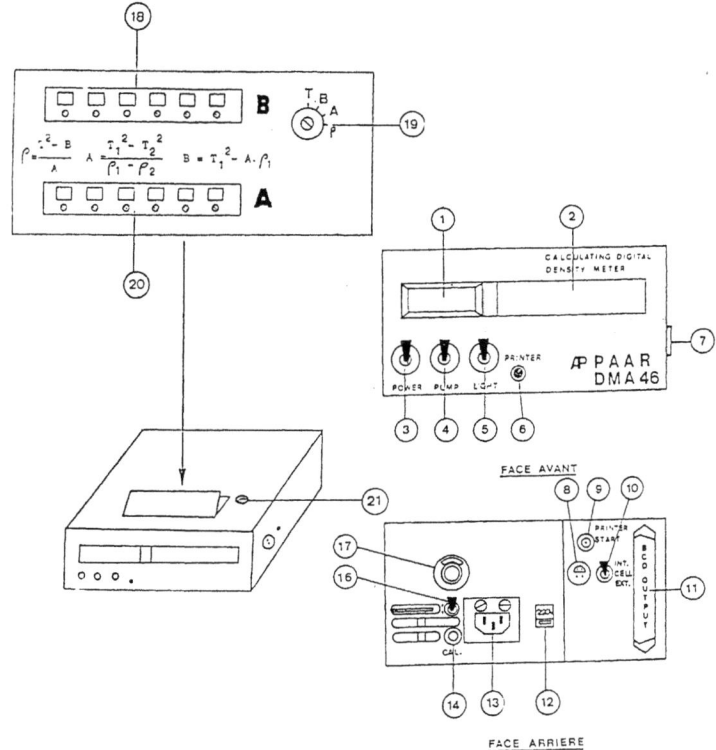

Figure (V-2) : *Le Densimètre électronique.*

2) Expérience

L'appareil ainsi étalonné est prêt à fonctionner en lecture directe.

1. On vérifie que le sélecteur (19) est bien sur "ρ".
2. On vide la cellule de mesure par aspiration à l'aide de la seringue placée à l'orifice inférieur, puis on rince celle-ci par l'alcool.
3. On la sèche par passage d'air à l'aide de la pompe.
4. On introduit l'échantillon (environ 0,7 mL) dans la cellule.
5. On positionne le sélecteur (19) sur "ρ".

Dès que l'équilibre thermique de l'échantillon est atteint la valeur affichée en (1) ne varie plus et peut être lue.

III/ Courbe de coexistence de la densité massique

Bianchi et *coll.*.[1] ont mesuré la densité massique du mélange dans sa région biphasique en fonction de la température. Ils ont tracé la courbe de coexistence (*Figure* V-3) et ont mis en évidence que la densité massique ρ constitue un bon paramètre d'ordre.

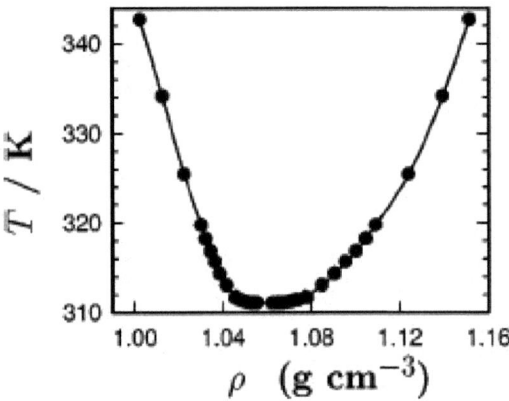

Figure (V-3): *Courbe de coexistence de la densité massique des phases supérieure et inférieure en fonction de la température du mélange étudié* [1].

IV/ Etude de la densité massique dans la région monophasique

Les résultats de la densité massique en fonction de la température pour différentes compositions d'eau et de molalité de chlorure de potassium sont reportés dans le *tableau* (V-4) et sont représentés dans la *figure* (V-4).

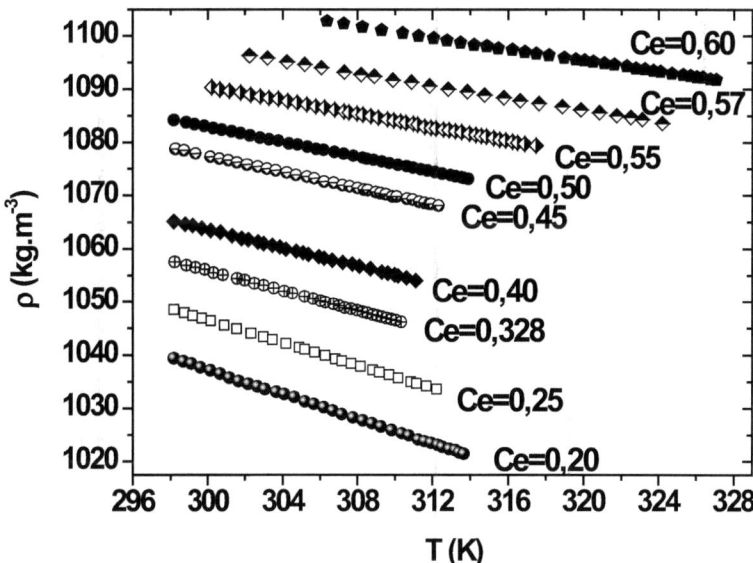

Figure (V-4): *Variation de la densité massique du mélange étudié en fonction de la température pour différentes compositions en eau et en 1,4-dioxane en présence du sel KCl à la saturation. La composition en eau est indiquée en fraction massique (Ce)* [2].

La représentation prouve que la densité massique diminue quand la composition massique (*Ce*) de l'eau diminue, de la même manière pour la diminution de la molalité (*m*) du chlorure de potassium quand la température augmente, à cause du phénomène de dilatation. Les valeurs de la densité massique ρ peuvent être corrélées en fonction de la température T selon l'équation suivante:

$$\rho = A_\rho + B_\rho T \tag{V-6}$$

Les coefficients A_ρ et B_ρ de l'équation (V-6) sont reportés dans le *tableau* (V-1). En analysant ces coefficients, nous avons constaté que A_ρ diminue linéairement avec la composition massique d'eau et décroît quand la concentration du sel croit, alors que B_ρ augmente linéairement avec la composition massique d'eau et la concentration du sel KCl.

Tableau (V-1): *Résultats d'ajustement des variables de l'équation (V-6).*

m (mol.kg^{-1})	Ce	A_ρ	B_ρ
0,470	0,20	1,3836 ± 0,0010	-11,5×10^{-4} ± 3,302×10^{-6}
0,488	0,25	1,3648 ± 0,0004	-10,6×10^{-4} ± 1,179×10^{-6}
0,550	0,328	1,3365 ± 0,0007	-9,357×10^{-4} ± 2,272×10^{-6}
0,792	0,40	1,3187 ± 0,0009	-8,505×10^{-4} ± 3,076×10^{-6}
1,154	0,45	1,3054 ± 0,0007	-7,599×10^{-4} ± 2,387×10^{-6}
1,446	0,50	1,2940 ± 0,0004	-7,037×10^{-4} ± 1,304×10^{-6}
1,771	0,55	1,2797 ± 0,0005	-6,310×10^{-4} ± 1,732×10^{-6}
1,906	0,57	1,2696 ± 0,0008	-5,737×10^{-4} ± 2,624×10^{-6}
2,039	0,60	1,2633 ± 0,0008	-5,247×10^{-4} ± 2,539×10^{-6}

La *figure* (V-5) montre la dépendance de la densité massique avec la température réduite t Les densités massiques représentent nettement une anomalie critique près de la température critique, ce comportement est indiqué par Hernández et *coll*. [3]

Près du point critique, la densité massique d'un mélange liquide-liquide est indiquée par [3] :

$$\rho = \rho_c + \rho_{reg}(t) + \rho_{crit}(t) \qquad (V-7)$$

Avec ρ_C la densité massique critique et ρ_{reg} la fonction analytique ajustée qui tient compte du changement non critique de ρ avec la température, et peut être exprimée comme suit [3]:

$$\rho_{reg}(t) = A_1 t + A_2 t^2 + ... \qquad (V-8)$$

La contribution critique est donnée par :

$$\rho_{crit}(t) = A_{cr} t^{1-\alpha}(1 + at^\Delta + bt^{2\Delta} + ...) \qquad (V-9)$$

Avec A_{cr} représente l'amplitude critique principale, alors que a et b sont les amplitudes de correction aux lois d'échelle et α est l'exposant critique qui caractérise la divergence de la chaleur spécifique et l'expansion thermique près de T_c. Le *tableau (V-2)* donne les paramètres des équations (V-7, V-8 et V-9) après l'ajustement nous prenons $\alpha = 0,11$ et sans termes de correction d'échelles pour l'équation (V-8).

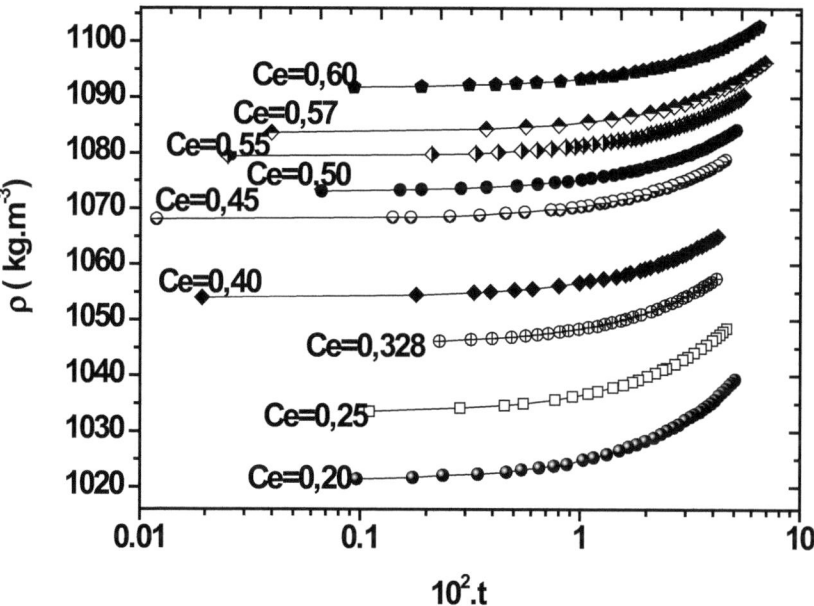

Figure (V-5): *Variation de la densité massique ρ du mélange étudié en fonction de la température réduite t pour différentes compositions en eau et en 1,4- dioxane en présence du sel KCl à la saturation. La composition en eau est indiquée en fraction massique (Ce)* [2].

Tableau (V-2): *Résultats d'ajustements de la densité massique ρ selon les équations (V-7, V-8 et V-9).*

m(mol.kg^{-1})	Ce	ρ_c(kg.m^{-3})	A_1	A_{cr}	χ^2
0,470	0,20	1021,063 ± 0,061	340,163 ± 28,195	16,371 ± 2,677	0,00905
0,488	0,25	1033,226 ± 0,022	341,842 ± 9,917	-7,459 ± 7,254	0,00068
0,550	0,328	1045,560 ± 0,043	310,251 ± 21,935	15,868 ± -13,900	0,00218
0,792	0,40	1054,041 ± 0,045	274,674 ± 24,014	17,250 ± -7,188	0,00425
1,154	0,45	1068,040 ± 0,035	240,294 ± 18,403	13,283 ± -2,101	0,00356
1,446	0,50	1072,965 ± 0,023	212,781 ± 10,492	7,686 ± 6,079	0,00146
1,771	0,55	1079,309 ± 0,035	206,586 ± 14,069	-4,603 ± 10,434	0,00328
1,906	0,57	1083,677 ± 0,053	246,568 ± 17,352	-45,94 ± 13,165	0,00488
2,039	0,60	1091,732 ± 0,046	240,908 ± 17,069	-51,892 ± 12,803	0,00551

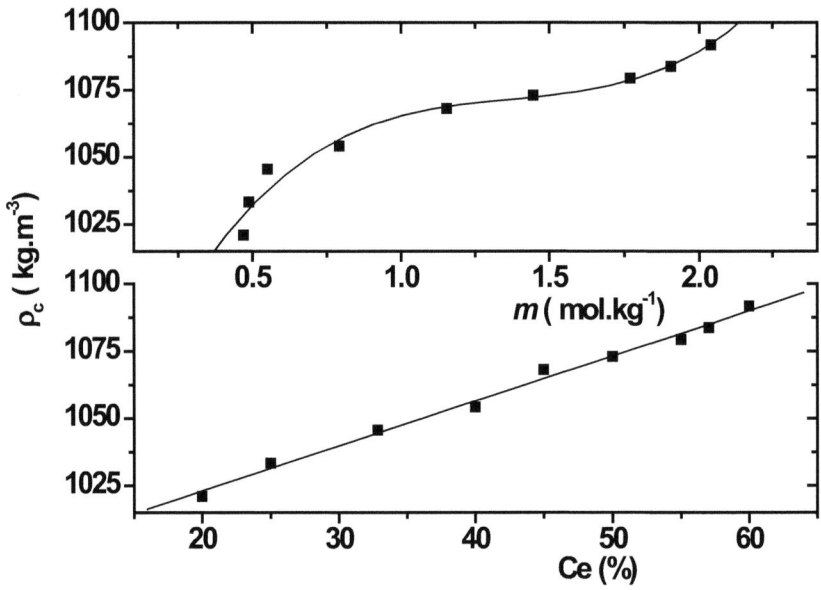

Figure (V-6): *Variation de la densité massique critique ρ_c du mélange étudié en fonction de la composition massique (Ce) d'eau et de la molalité (m) du KCl* [2].

La *figure* (V-6) montre que la densité massique critique varie linéairement avec la composition massique (*Ce*) d'eau comme:

ρ_c (kg.m^{-3}) = 989,574 + 1,672 Ce

En fonction de la molalité *m* du KCl, ρ_c varie en un polynôme de troisième degré :

ρ_c (kg.m^{-3}) = 938,921 + 269,695 m - 189,151 m^2 + 45,953 m^3

B/ Etude de la viscosité
I/ Introduction

Nous pouvons définir la viscosité des liquides comme la résistance qu'oppose les couches les unes sur les autres au cours du déplacement du liquide, autrement dit, la viscosité du liquide caractérise un frottement interne qui apparaît lors du déplacement de l'une de ses couches par rapport à une autre, c'est pourquoi on l'appelle souvent frottement interne. On comprend ainsi que la viscosité d'un liquide est plus élevée que les interactions entres molécules sont plus fortes. Puisque l'augmentation de la température correspond à une augmentation de volume du liquide, les molécules s'éloignent, les unes des autres, les interactions intermoléculaires s'affaiblissent ce qui conduit à la diminution de la viscosité. En plus la viscosité de l'eau est modifiée par la dissolution des électrolytes et sa variation dépend des propriétés des ions et principalement de leurs tailles et leurs valences. Cette dépendance est due aux interactions ion-ion et ion-solvant.

Expérimentalement on détermine le coefficient de viscosité par la mesure de la viscosité cinématique v qui s'exprime en Stokes et par la mesure de la densité massique ρ en g.cm^{-3}.

II/ Viscosité cinématique
1) Dispositif expérimental

La mesure de la viscosité cinématique avec des tubes viscosimétriques à capillaire consiste en une mesure de temps. On détermine la durée que met un volume donné de liquide pour s'écouler dans un capillaire de diamètre connu.

Le viscosimètre utilisé dans notre laboratoire, est un viscosimètre semi-automatique de type Shott-Geräte AVS/N (*Figure* (V-7)). Le temps d'écoulement du fluide dans un tube de viscosimètre (*Figure* (V-8)) entre deux niveaux N_1 et N_2 se mesure à l'aide d'un faisceau lumineux relié à un chronomètre électronique qui se déclenche automatiquement à l'aide d'une cellule photoélectrique, lorsque le ménisque de liquide arrive au niveau N_1 et il s'arrêtera automatiquement quand celui-ci atteint le niveau N_2.

Avec ce viscosimètre semi-automatique, le ménisque du liquide est détecté de façon précise et reproductible par les cellules photoélectriques provoquant un changement de transmission qui donne lors de la descente du liquide le signal marche-arrêt au chronomètre. La lumière est transmise par des fibres optiques du support de la cellule aux points de mesure. Du coté récepteur, les fibres optiques se terminent par des fentes larges de 0,1 mm ; le ménisque du liquide est ainsi détecté exactement de la même manière et à la même place. La durée d'écoulement mesurée dépend des dimensions du tube (Diamètre, volume..), elle nous permet de déduire la viscosité cinématique des échantillons moyennant la constante " géométrique" k du capillaire. On introduit exactement 2 mL de liquide à l'aide d'une pipette, dans le tube le plus large de la cellule viscosimétrique. Le liquide monte à travers le capillaire dans la boule de mesure au dessus du niveau N_1. On règle la vitesse de montée par pression à l'aide d'une pipette pompe incorporée dans le chronomètre. Après un certain temps, le ménisque passe devant le niveau N_1, le liquide descend rapidement sous l'effet de la pesanteur à la pression atmosphérique, le temps commence à être compté , une fois le ménisque passe par le niveau N_2, le compteur s'arête. Ce pendant le chronomètre affiche la durée **t**'avec une incertitude ±0,01s

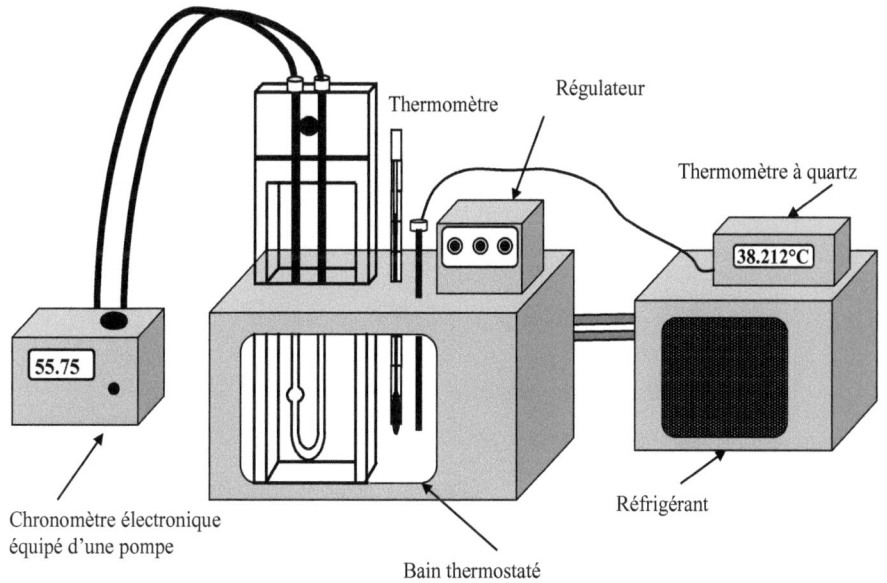

Figure (V-7) : *Dispositif expérimental pour la mesure de la viscosité cinématique.*

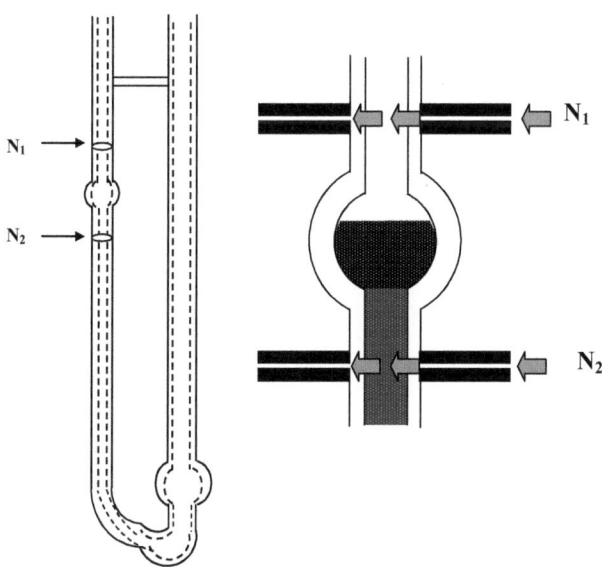

Figure (V-8) : *Cellule viscosimétrique à capillaire (type Ubbelohde).*

2) Evaluation de la viscosité cinématique

Connaissant la mesure de la durée d'écoulement **t'** (la moyenne de plusieurs mesures) la constante de la cellule k et la correction de Hagen Bach θ, nous pouvons facilement déterminer la viscosité cinématique v exprimée en centistokes (cSt) ou mm^2.s^{-1} à partir de la relation suivante :

$$v = k(t'-\theta) \tag{V-10}$$

Où

k est la constante du capillaire en cSt.s^{-1}.

t' est la durée d'écoulement entre deux les deux niveaux N_1 et N_2.

θ est la correction de « Hagen Bach » en secondes, fixant le choix de la constante k.

Le diamètre du tube capillaire a été choisi, de telle sorte que l'incertitude inhérente à la correction ne dépasse pas l'erreur admise par le chronométrage. Pour les mesures de précision, il ne faudrait pas choisir des durées de passage inférieur à 30 s.

III/ Viscosité dynamique ou de cisaillement

La viscosité dynamique η de chaque composition du mélange objet d'étude est déterminée par le produit de la viscosité cinématique *v* et de la densité massique ρ :

$$\eta = v \times \rho \tag{V-11}$$

Les résultats de détermination de la viscosité dynamique en fonction de la température pour différentes compositions massiques d'eau et de la molalité du chlorure de potassium sont reportés dans le *tableau* (V-5) et ils sont représentés sur la *figure* (V-9).

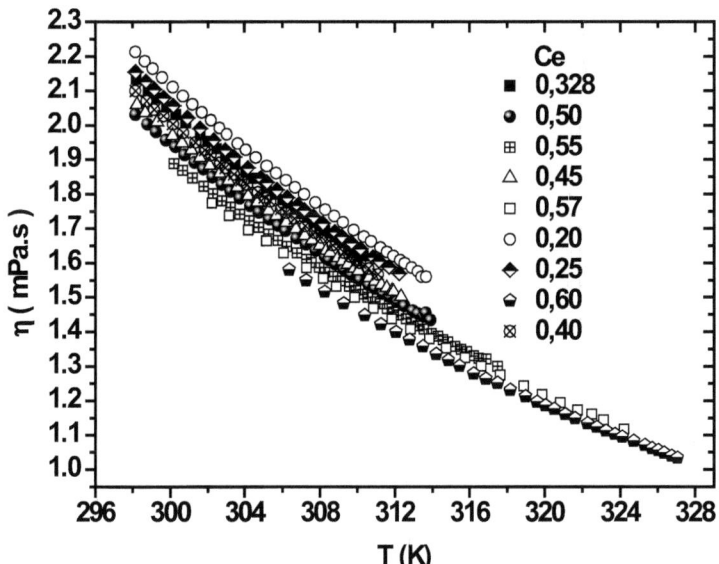

Figure (V-9): *Variation de la viscosité dynamique du mélange étudié en fonction de la température pour différentes compositions en eau et en 1,4-dioxane en présence du sel KCl à la saturation. La composition en eau est indiquée en fraction massique (Ce)* [4].

On constate que la viscosité dynamique décroît avec l'augmentation de la température, la composition massique d'eau et la molalité du sel KCl. Cela peut être expliqué par le fait que l'augmentation de la quantité d'eau ou de 1,4-dioxane affaiblisse les interactions molécules-ions et molécules-molécules et par suite les entités chimiques se déplacent facilement dans un capillaire.

La viscosité dynamique η peut être exprimée en fonction de la température T, selon l'équation suivante :

$$\eta = \eta_0 \exp\left(\frac{E_a(\eta)}{kT}\right) \qquad (V\text{-}12)$$

Avec η_0 est une constante et $E_a(\eta)$ est l'énergie d'activation de l'écoulement visqueux.

La représentation d'Arrhenius est donnée par la *figure* (V-10). Leurs résultats d'ajustement selon l'équation (V-12) sont reportés dans le *tableau* (V-3).

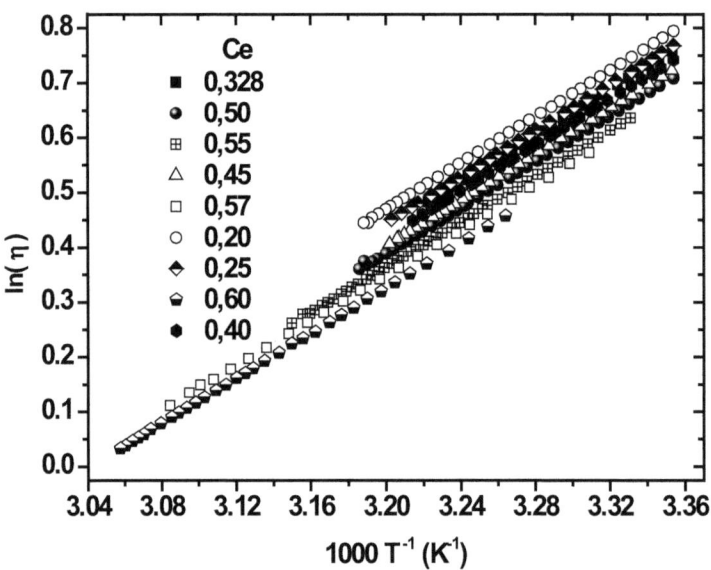

Figure (V-10) : *Représentation d'Arrhenius de la viscosité dynamique η du mélange étudié pour différentes compositions en eau et en 1,4-dioxane en présence du sel KCl à la saturation. La composition en eau est indiquée en fraction massique (Ce)* [4].

La *figure* (V-11) montre la dépendance de la viscosité dynamique avec la température réduite t. Une anomalie de la viscosité dynamique est observée près de la température critique, ce comportement est en bon accord avec la littérature [5,6].

Tableau (V-3) : *Résultats d'ajustement des variables de l'équation (V-12)*

m (mol.kg^{-1})	Ce	ln (η/ mPa.s)	$E_a(\eta)$ (kJ.mol^{-1})
0,470	0,20	-6,282 ± 0,009	17,541 ± 0,023
0,488	0,25	-6,277 ± 0,001	17,464 ± 0,004
0,550	0,328	-6,284 ± 0,001	17,459 ± 0,001
0,792	0,40	-6,280 ± 0,007	17,405 ± 0,018
1,154	0,45	-6,284 ± 0,005	17,374 ± 0,012
1,446	0,50	-6,259 ± 0,017	17,276 ± 0,045
1,771	0,55	-6,252 ± 0,010	17,190 ± 0,027
1,906	0,57	-6,223 ± 0,011	17,077 ± 0,028
2,039	0,60	-6,241 ± 0,007	17,061 ± 0,018

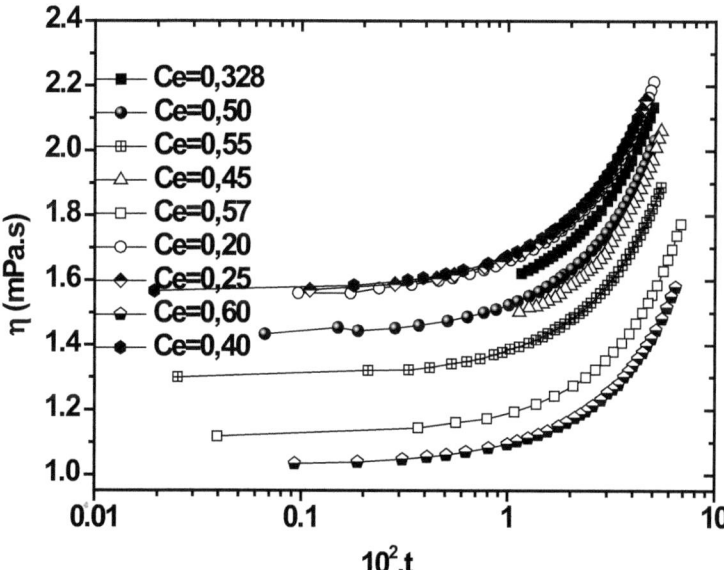

Figure (V-11): *Variation de la viscosité dynamique η du mélange en fonction de la température réduite t pour différentes compositions en eau et en 1,4-dioxane en présence du sel KCl à la saturation. La composition en eau est indiquée en fraction massique (Ce)* [4].

Les valeurs obtenues de l'énergie d'activation **E$_a$(η)** de la viscosité du mélange sont regroupées dans le *tableau* (V-3).

La *figure* (V-12) montre que l'énergie d'activation de l'écoulement visqueux qui varie dans l'intervalle (17,061 à 17,541) kJ.mol^{-1}, n'est influencée, ni par la composition d'eau ni par la concentration du sel.

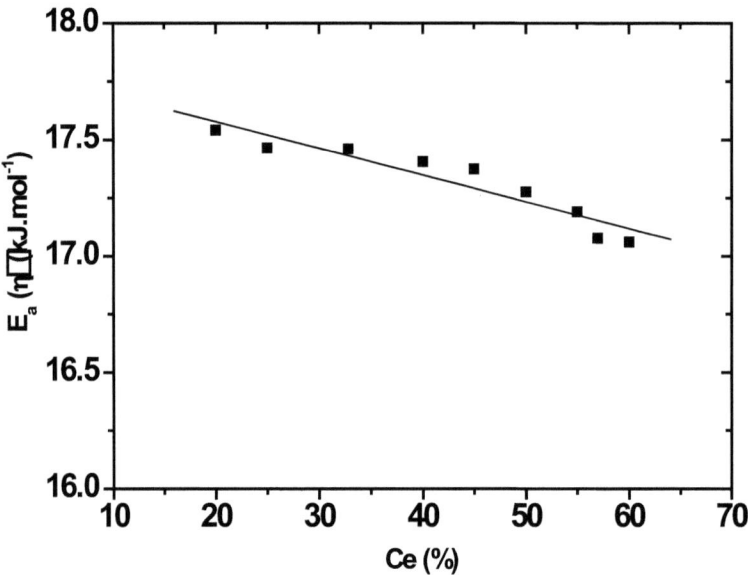

Figure (V-12): *Variation de l'énergie d'activation* E$_a$(η) *de viscosité en fonction de la composition massique d'eau (Ce)* [4].

C/ Etude de la réfraction molaire

D'après la relation de Lorenz-Lorentz, la réfraction molaire R du mélange étudié peut être exprimée comme suit [7] :

$$R = \frac{(n^2 - 1)}{(n^2 + 2)} \frac{M_m}{\rho} \qquad (V-13)$$

156

où n est l'indice de réfraction, ρ est la densité massique et M_m est la masse molaire du mélange étudié.

La réfraction molaire R du mélange ternaire étudié est liée à la polarisabilité α_p comme l'est indiquée dans la littérature [8-10]. Elle est affectée par la présence du solvant, sa variation par rapport à la température et la composition du mélange fournit des informations concernant les forces intermoléculaires agissant dans le mélange [9].

Les valeurs de la réfraction molaire ont été calculées directement en utilisant l'équation (V-13) et en exploitant les valeurs expérimentales de l'indice optique n et de la densité massique ρ. Les résultats obtenus sont reportés dans le *tableau* (V-4). La variation de la réfraction molaire R en fonction de la température pour diverses compositions en eau et en sel est représentée dans la *figure* (V-13). Nous avons constaté que la réfraction molaire R du mélange critique augmente légèrement moins de 1%, avec la température et diminue de 10%, avec la composition massique (*Ce*) de l'eau et de la molalité (*m*) du sel, alors qu'elle augmente avec l'augmentation de la fraction massique en 1,4-dioxane (sans sel) comme indiquent les *figures* (V-13 et V-14).

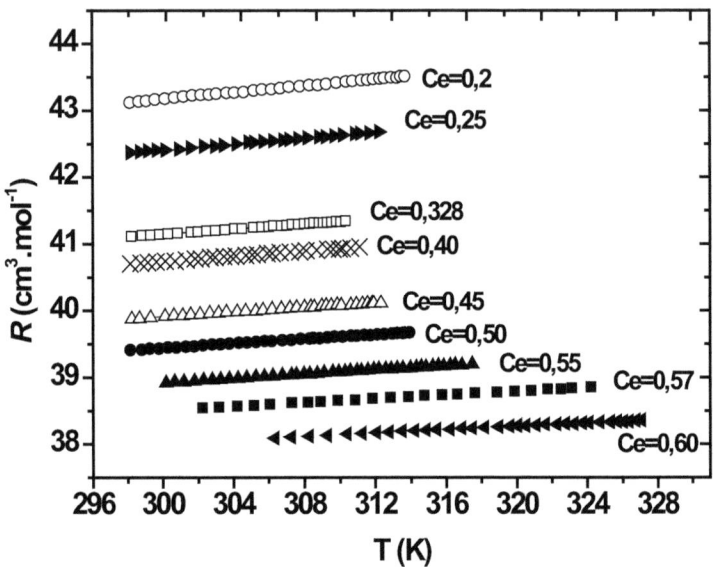

Figure (V-13) : *Variation de la réfraction molaire R du mélange étudié en fonction de la température pour différentes compositions en eau et en 1,4-dioxane en présence du sel KCl à la saturation. La composition en eau est indiquée en fraction massique (Ce)* [2].

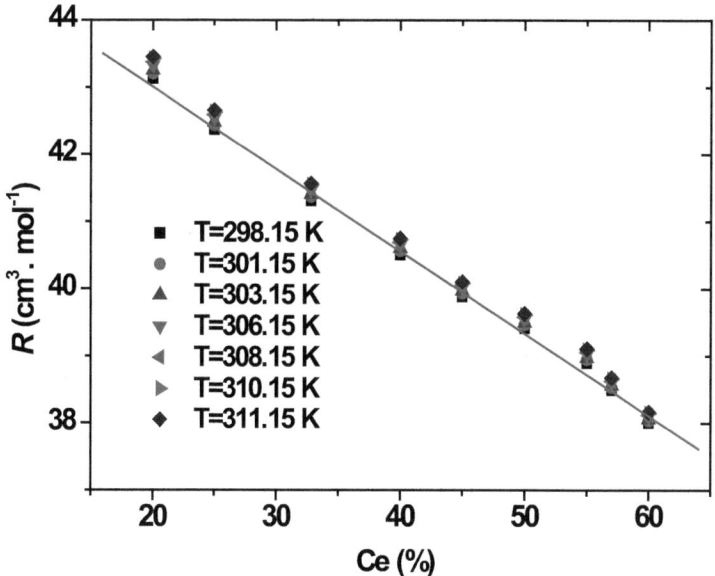

Figure (V-14): *Variation de la réfraction molaire R du mélange étudié en fonction de la composition massique d'eau pour différentes températures : 298,15K ; 301,15K ; 303,15K ; 306,15K ; 308,15K ; 310,15K, et 311,15K. Le trait continu représente l'ajustement dans le cas où T= 218,15K* [2].

Nous pouvons remarquer que la réfraction molaire dépend principalement de la composition en eau, et elle peut être affectée par la température comme l'indiquent les *figures* (V-14, V-15), où R est quasi-indépendante de l'état physique de la substance [11-13]. En effet la réfraction molaire est une fonction régulière et ne représente pas d'anomalie critique alors que son comportement est toujours peu influencé par la criticalité, comme il est mentionné dans la littérature [14-17].

Les ajustements des résultats de la réfraction molaires à T = 298,15 K (*Figure (V-15)*) montre que le paramètre R varie linéairement avec la composition massique (*Ce*) d'eau comme suit :

R ($cm^3.mol^{-1}$) = 45, 458 - 0,122 Ce

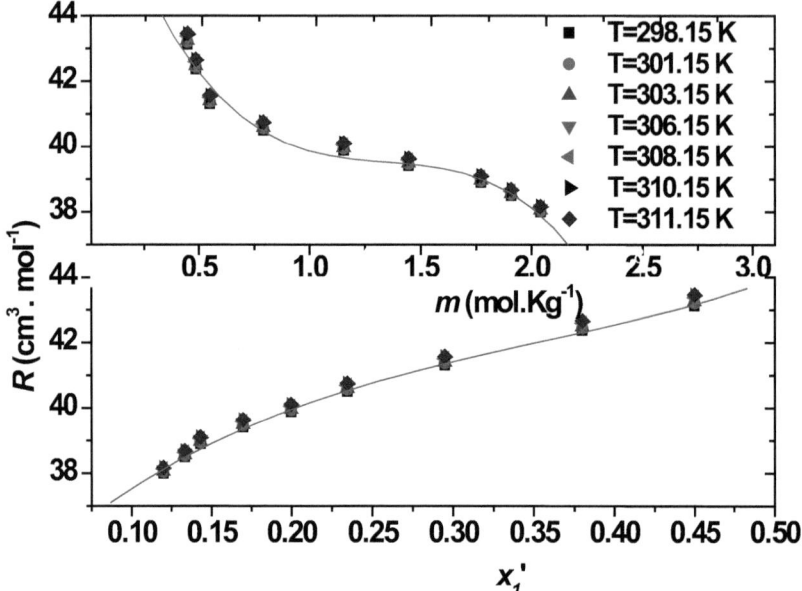

Figure (V-15): *Variation de la réfraction molaire R du mélange en fonction de la fraction massique x_1' du 1,4-dioxane en absence du sel et de la molalité m de KCl. Les traits continus représentent les ajustements* [2].

Le facteur R, selon l'ajustement des points expérimentaux, varie en fonction de la fraction massique x_1' en 1,4-dioxane en absence du sel KCl d'une manière polynomiale de troisième degré:

R ($cm^3 .mol^{-1}$) = 33,529 + 50,053 x_1' - 110,459 $x_1'^2$ + 103,94 $x_1'^3$

Comme indique la *figure* (V-15), le facteur R varie comme un polynôme de troisième degré en fonction de la molalité *m* de KCl:

R ($cm^3 .mol^{-1}$) = 49,504 - 21,189 m + 15,343 m^2 - 3,798 m^3

D/ Conclusion

Les résultats obtenus dans ce chapitre, montrent que les densités massiques diminuent avec l'augmentation de la température, la diminution de la fraction massique en eau et de la diminution de la concentration du sel.

La dépendance de la densité massique en fonction de la température peut être décrite par une équation linéaire empirique et être encadré avec une bonne précision.

Nous avons observé que la densité massique présente une anomalie près du point critique pour les différentes compositions du mélange.

La densité massique critique augmente linéairement avec la composition massique d'eau et augmente aussi avec la molalité du sel.

Les résultats présentés ci-dessus, montrent que la viscosité de cisaillement du mélange étudié diminue avec :
- L'augmentation de la température.
- La composition en eau.
- La concentration du sel.

La dépendance de la viscosité de cisaillement avec la température peut décrite par l'équation d'Arrhenius. L'énergie d'activation de l'écoulement visqueux est peu influencée par la composition en eau, et par la concentration du sel. Nous avons aussi mis en évidence que la viscosité de cisaillement présente une anomalie près du point critique, c'est l'effet de la criticalité.

La réfraction molaire augmente à peu prés de 1 %, avec la température et diminue prés de 10 % avec la composition massique d'eau. La réfraction molaire est une fonction régulière ne présentant aucune anomalie critique.

Références

[1] H. L. Bianchi ; M. L. Japas, *J. Chem. Phys.* **115** (22), 10472 (2001).

[2] T. Kouissi, M. Bouanz, *Pluide Phase Equilibria,* **293**, 79 (2010).

[3] P. M. Hernández, F. Ortega, G. R. Ramón, *J. Chem. Phys.* **119** (8), 4428 (2003).

[4] T. Kouissi, M. Bouanz, *J. Chem. Eng. Data,* **55**, 320 (2009).

[5] G. Yanfang, C. Siliu, W. Tengfang , Y. Dahong, P. Changjun, L. Honglai, H. J.M. Ying *J. Mol. Liq.* **143**, 100 (2008).

[6] P. M. Hernández, F. Ortega, G. R. Ramón, *J. Chem. Phys.* **119** (8), 4428 (2003).

[7] C. Romero, B. Giner, M. Haro, H. Artigas, C. Lafuente, *J. Chem. Thermodynamics,* **38**, 871 (2006).

[8] M. Wagner, O. Stanga , W. Schröer, *Phys. Chem. Chem. Phys.* **5**, 1225 (2003).

[9] V. Tiwari, R. Pand, *J. Mol. Liq.* **128**, 178 (2006).

[10] A. Toumi, M. Bouanz, *J. Mol. Liq.***139**, 55 (2008).

[11] S. Glasstone , *Textbook of Physical Chemistry* , Ch. 8. Van Nostrand London (1946).

[12] A. Piňeiro, P. Brocos, A. Amigo, M. Pintos, R. Bravo, *J. Sol. Chem.* **31**, 369 (2002).

[13] A. J. Rutgers , *Physical Chemistry* , Ch. 5. Interscience Pubs, New York (1954).

[14] S. Y. Larsen, R. D. Montain, R. Awanzig, *J. Chem. Phys.* **42**, 2187-2190 (1965).

[15] G. Stell, J.S. Høye, *Phys. Rev. Lett.* **21**, 1268 (1974).

[15] W.V. Andrew, T.B.K. Khoo, D.T. Jacobs, *J. Chem. Phys.* **85**, 3985(1986).

[16] R. Gastaud, D. Beyesens, G. Zalczer, *J. Chem. Phys.* **93**, 3432 (1990).

Tableau (V-4): *Les densités massiques ρ et les réfractions molaires R du mélange étudié en fonction de la température pour différentes compositions en eau et en 1,4-dioxane en présence du sel KCl à la saturation (Ce=0,20; m=0,470 mol.kg^{-1}), (Ce=0,25 ; m=0,488 mol.kg^{-1}), (Ce=0,328 ; m=0,55 mol.kg^{-1}), (Ce=0,40 ; m=0,792 mol.kg^{-1}), (Ce=0,45 ;m=1,154 mol.kg^{-1}), (Ce=0,50 ; m=1,446 mol.kg^{-1}), (Ce=0,55 ; m=1,771 mol.kg^{-1}), (Ce=0,57 ; m=1,906 mol.kg^{-1}), (Ce=0,60; m=2,039 mol.kg^{-1}). Ce et T_t^{Exp} sont respectivement la fraction massique en eau dans le mélange et la température de transition de phase* [2].

T(K)	ρ(kg.m^{-3})	R (cm^3.mol^{-1})	T(K)	ρ (kg.m^{-3})	R (cm^3.mol^{-1})
m =0,470 mol.kg^{-1} Ce=0,20			m = 0,488 mol.kg^{-1} Ce =0,25		
T_t^{Exp}=313,973 K			T_t^{Exp} =312,567 K		
298,151	1039,4	43,122	298,158	1048,5	42,371
298,662	1038,8	43,137	298,706	1047,9	42,386
299,086	1038,4	43,145	299,162	1047,4	42,397
299,585	1037,7	43,165	299,660	1046,9	42,408
300,144	1037,1	43,180	300,153	1046,4	42,410
300,676	1036,5	43,196	300,902	1045,6	42,424
301,174	1035,7	43,211	301,565	1044,9	42,443
301,674	1035,1	43,227	302,305	1044,1	42,467
302,165	1034,6	43,239	302,954	1043,4	42,467
302,641	1034,1	43,241	303,436	1042,9	42,479
303,037	1033,6	43,252	304,167	1042,1	42,502
303,640	1033,1	43,264	304,852	1041,4	42,530
304,070	1032,7	43,271	305,163	1041,1	42,524
304,597	1032,1	43,277	305,696	1040,5	42,539
305,172	1031,3	43,302	306,255	1039,9	42,546
305,653	1030,8	43,314	306,812	1039,3	42,561
306,176	1030,2	43,320	307,151	1038,9	42,568
306,662	1029,6	43,336	307,653	1038,4	42,579
307,152	1028,9	43,356	308,154	1037,9	42,590
307,758	1028,3	43,363	308,814	1037,2	42,609
308,287	1027,7	43,379	309,170	1036,8	42,607

308,760	1027,2	43,381	309,680	1036,3	42,618
309,230	1026,6	43,397	310,164	1035,7	42,634
309,814	1025,9	43,417	310,843	1035,0	42,653
310,358	1025,3	43,433	311,151	1034,7	42,657
310,731	1024,9	43,441	311,680	1034,2	42,668
311,239	1024,1	43,456	312,223	1033,6	42,683
311,581	1023,8	43,459	$m = 0,55$ mol.kg^{-1}		Ce=0,328
311,923	1023,5	43,472	$T_t^{Exp} = 311,032$ K		
312,274	1023,1	43,479	298,205	1057,5	41,115
312,519	1022,7	43,487	298,827	1056,9	41,129
312,898	1022,3	43,495	299,311	1056,5	41,135
313,227	1022,1	43,494	299,820	1056,1	41,142
313,428	1021,7	43,511	300,294	1055,5	41,156
313,670	1021,4	43,514	300,830	1055,1	41,162
$m = 0,792$ mol.kg^{-1}		Ce = 0,40	301,590	1054,4	41,180
$T_t^{Exp} = 311,170$ K			301,986	1054,1	41,197
298,153	1065,1	40,703	302,968	1053,1	41,204
298,752	1064,6	40,713	303,505	1052,6	41,214
299,160	1064,3	40,724	304,066	1052,0	41,228
299,653	1063,8	40,734	304,490	1051,6	41,235
300,151	1063,4	40,740	305,155	1051,0	41,249
300,690	1063,1	40,743	305,615	1050,6	41,255
301,322	1062,4	40,760	306,012	1050,2	41,262
301,820	1061,9	40,780	306,274	1049,9	41,274
302,167	1061,7	40,778	306,701	1049,6	41,276
302,674	1061,2	40,798	307,010	1049,3	41,279
302,973	1060,9	40,800	307,310	1048,9	41,294
303,444	1060,6	40,818	307,647	1048,7	41,293
303,843	1060,3	40,814	307,975	1048,4	41,305
304,153	1059,9	40,820	308,283	1048,1	41,307
304,713	1059,5	40,826	308,520	1047,9	41,315
305,070	1059,2	40,838	308,806	1047,6	41,318
305,355	1058,9	40,840	309,040	1047,4	41,317
305,921	1058,5	40,856	309,275	1047,2	41,324

306,190	1058,2	40,858	309,520	1046,9	41,327
306,636	1057,8	40,874	309,800	1046,7	41,335
307,209	1057,4	40,880	310,043	1046,5	41,333
307,730	1057,1	40,882	310,320	1046,2	41,345
308,092	1056,7	40,898	m =1,154 mol.kg^{-1}		Ce =0,45
308,683	1056,2	40,908	T_t^{Exp} =312,357 K		
309,281	1055,6	40,922	298,243	1078,8	39,879
309,611	1055,4	40,920	298,685	1078,5	39,882
309,960	1055,1	40,923	299,310	1077,9	39,895
310,150	1054,9	40,931	300,132	1077,3	39,917
310,613	1054,5	40,937	300,632	1076,9	39,923
311,110	1054,0	40,956	301,113	1076,6	39,925
m =1,446 mol.kg^{-1}		Ce=0,50	301,576	1076,2	39,940
T_t^{Exp} =314,122 K			302,102	1075,8	39,946
298,150	1084,2	39,412	302,654	1075,4	39,960
298,802	1083,8	39,417	303,142	1075,0	39,966
299,260	1083,4	39,432	303,608	1074,7	39,977
299,783	1083,1	39,433	304,202	1074,3	39,983
300,283	1082,7	39,448	304,686	1073,8	39,993
300,760	1082,4	39,450	305,274	1073,5	39,995
301,280	1082,1	39,461	305,674	1073,2	40,006
301,754	1081,7	39,466	306,190	1072,6	40,019
302,255	1081,3	39,481	306,703	1072,4	40,027
302,772	1080,9	39,496	307,181	1071,9	40,036
303,258	1080,6	39,498	307,560	1071,7	40,044
303,749	1080,3	39,508	307,992	1071,4	40,046
304,305	1079,8	39,518	308,343	1071,1	40,057
304,772	1079,6	39,525	308,541	1071,0	40,052
305,290	1079,2	39,531	308,970	1070,6	40,067
305,771	1078,8	39,545	309,215	1070,4	40,074
306,160	1078,6	39,544	309,501	1070,2	40,073
306,757	1078,2	39,558	309,841	1069,8	40,088
307,251	1077,9	39,560	310,065	1069,8	40,078
307,762	1077,5	39,575	310,618	1069,4	40,085

308,267	1077,1	39,581	310,934	1069,2	40,092	
308,480	1076,9	39,588	311,274	1068,8	40,098	
308,843	1076,7	39,586	311,565	1068,6	40,105	
309,282	1076,4	39,597	311,829	1068,4	40,113	
309,683	1076,1	39,608	311,921	1068,4	40,104	
310,137	1075,8	39,610	312,320	1068,1	40,115	
310,615	1075,5	39,622	m = 1,771 mol.kg^{-1} Ce=0,55			
310,950	1075,2	39,623	T_t^{Exp} =317,565 K			
311,365	1074,9	39,634	300,194	1090.3	38,922	
311,720	1074,7	39,633	300,662	1089.9	38,937	
312,120	1074,4	39,644	301,173	1089.6	38,938	
312,510	1074,1	39,646	301,770	1089.3	38,949	
312,952	1073,8	39,657	302,280	1088.9	38,963	
313,226	1073,6	39,664	302,786	1088.6	38,965	
313,529	1073,4	39,663	303,256	1088.3	38,976	
313,648	1073,3	39,666	303,759	1088.1	38,983	
313,913	1073,1	39,674	304,248	1087.7	38,988	
m =2,039 mol.kg^{-1} Ce=0,60			304,758	1087.4	38,999	
T_t^{Exp} =327,365 K			305,271	1087,1	39,010	
306,350	1102,8	38,091	305,758	1086,7	39,015	
307,259	1102,3	38,108	306,231	1086,5	39,022	
308,246	1101,7	38,120	306,771	1086,1	39,037	
309,264	1101,1	38,132	307,272	1085,8	39,038	
310,392	1100,5	38,152	307,545	1085,6	39,046	
311,252	1100,0	38,161	307,972	1085,4	39,053	
312,048	1099,6	38,175	308,287	1085,2	39,051	
312,758	1099,1	38,183	308,708	1084,9	39,062	
313,499	1098,7	38,197	309,102	1084,6	39,073	
314,207	1098,3	38,202	309,586	1084,3	39,083	
314,859	1098,1	38,209	309,917	1084,1	39,082	
315,467	1097,6	38,217	310,278	1083,9	39,089	
316,217	1097,4	38,224	310,563	1083,7	39,096	
316,883	1097,0	38,238	310,958	1083,5	39,104	
317,486	1096,7	38,240	311,202	1083,3	39,102	

318,166	1096,4	38,250	311,590	1082,9	39,116
318,972	1095,9	38,259	311,921	1082,7	39,123
319,590	1095,6	38,269	312,200	1082,6	39,127
320,040	1095,4	38,276	312,590	1082,4	39,125
320,502	1095,2	38,274	312,881	1082,3	39,129
321,091	1094,9	38,285	313,220	1082,1	39,136
321,620	1094,6	38,295	313,548	1081,9	39,134
322,270	1094,3	38,297	313,965	1081,6	39,145
322,760	1093,9	38,311	314,305	1081,4	39,152
323,248	1093,8	38,305	314,580	1081,2	39,159
323,720	1093,5	38,316	314,850	1081,1	39,154
324,101	1093,3	38,323	315,231	1080,8	39,165
324,721	1092,9	38,328	315,552	1080,5	39,176
325,310	1092,7	38,335	315,860	1080,4	39,170
325,705	1092,5	38,342	316,231	1080,1	39,181
326,028	1092,3	38,340	316,510	1079,9	39,188
326,351	1092,2	38,343	316,896	1079,7	39,187
326,750	1091,9	38,354	317,485	1079,4	39,197
327,060	1091,8	38,358			
	m =1,906 mol.kg^{-1}		Ce=0,57	T_t^{Exp} =324,325 K	
302,220	1096,3	38,549	313,853	1089,5	38,708
303,166	1095,8	38,557	314,754	1088,9	38,730
304,213	1095,1	38,573	315,766	1088,4	38,738
305,160	1094,6	38,582	316,628	1087,8	38,751
306,050	1094,0	38,603	317,632	1087,3	38,769
307,285	1093,2	38,622	318,870	1086,7	38,781
308,179	1092,7	38,631	319,860	1086,1	38,793
308,882	1092,4	38,642	320,825	1085,6	38,802
309,860	1091,7	38,657	321,750	1085,0	38,824
310,860	1091,3	38,662	322,500	1084,7	38,825
311,835	1090,6	38,687	323,123	1084,3	38,840
312,834	1090,0	38,699	324,197	1083,6	38,856

Tableau (V-5): *Les viscosités dynamiques η du mélange étudié en fonction de la température pour différentes compositions en eau et en 1,4-dioxane en présence du sel KCl à la saturation: (Ce=0,20; m=0,470 mol.kg^{-1}), (Ce=0,25; m=0,488 mol.kg^{-1}), (Ce=0,328 ; m=0,55 mol.kg^{-1}), (Ce=0,40 ; m=0,792 mol.kg^{-1}), (Ce=0,45 ; m=1,154 mol.kg^{-1}), (Ce=0,50 ; m=1,446 mol.kg^{-1}), (Ce=0,55; m=1,771 mol.kg^{-1}), (Ce=0,57 ; m=1,906 mol.kg^{-1}), (Ce=0,60; m=2,039 mol.kg^{-1}). Ce et T_t^{Exp} sont respectivement la fraction massique de l'eau dans le mélange et la température de transition de phase* [4].

T(K)	η(mPa.s^{-1})	T(K)	η(mPa.s^{-1})	T(K)	η(mPa.s^{-1})
m =0,470 mol.kg^{-1} Ce=0,20		*m* = 0,488 mol.kg^{-1} Ce =0,25		*m* =0,55 mol.kg^{-1} Ce=0,328	
T_t^{Exp} =313,973K		T_t^{Exp}=312,567K		T_t^{Exp}=311,032K	
298,151	2,21289	298,158	2,15543	298,205	2,13371
298,662	2,18623	298,706	2,12772	298,827	2,10267
299,086	2,16450	299,162	2,10509	299,311	2,07890
299,585	2,13915	299,660	2,08044	299,820	2,05427
300,144	2,11133	300,153	2,05688	300,294	2,03169
300,676	2,08529	300,902	2,02199	300,830	2,00672
301,174	2,06139	301,565	1,99119	301,590	1,97155
301,674	2,03768	302,305	1,95743	301,986	1,95361
302,165	2,01452	302,954	1,92846	302,480	1,93166
302,641	1,99254	303,436	1,90736	302,968	1,91009
303,037	1,97457	304,167	1,87575	303,505	1,88678
303,640	1,94757	304,852	1,84694	304,066	1,86287
304,070	1,92846	305,163	1,83395	304,490	1,84506
304,597	1,90557	305,696	1,81209	305,155	1,81753
305,172	1,88109	306,255	1,78945	305,615	1,79880
305,653	1,86058	306,812	1,76731	306,012	1,78284
306,176	1,83951	307,151	1,75391	306,274	1,77241
306,662	1,81902	307,653	1,73450	306,701	1,75553
307,152	1,79905	308,154	1,71530	307,010	1,74347
307,758	1,77496	308,814	1,69048	307,310	1,73190
308,287	1,75435	309,170	1,67732	307,647	1,7190

308,760	1,73594	309,680	1,65861	307,975	1,70653	
309,230	1,71803	310,164	1,64114	308,283	1.69494	
309,814	1,69588	310,843	1,61703	308,520	1,68610	
310,358	1,67603	311,151	1,60617	308,806	1,67582	
310,731	1,66248	311,680	1,58785	309,040	1,66689	
311,239	1,64416	312,223	1,56936	309,275	1,65828	
311,581	1,63197	m =1,154 mol.kg^{-1} Ce =0,45		309,520	1,64940	
311,923	1,61994	T_t^{Exp} =312,357K		309,800	1,63932	
312,274	1,60771	298,243	2,15880	310,043	1,63062	
312,519	1,59935	298,685	2,13775	310,320	1,62083	
312,898	1,58623	299,310	2,1050	m =1,446 mol.kg^{-1} Ce=0,50		
313,227	1,57505	300,132	2,0635	T_t^{Exp} =314,122K		
313,428	1,56037	300,632	2,03825	298,150	2,03157	
313,670	1,56019	301,113	2,01351	298,802	2,00381	
m =0,792 mol.kg^{-1} Ce=0,40		301,576	1,98909	299,260	1,98163	
T_t^{Exp} =311,170K		302,102	1,96481	299,783	1,95739	
298,153	2,10047	302,654	1,94134	300,283	1,93750	
298,752	2,07064	303,142	1,91802	300,760	1,91397	
299,160	2,04582	303,608	1,89678	301,280	1,89116	
299,653	2,02725	304,202	1,87046	301,754	1,87251	
300,151	2,00367	304,686	1,84828	302,255	1,84945	
300,690	1,97892	305,274	1,82737	302,772	1,82805	
301,322	1,95018	305,674	1,80699	303,258	1,80758	
301,820	1,92792	306,190	1,78659	303,749	1,78824	
302,167	1,91265	306,703	1,7664	304,305	1,76562	
302,674	1,89055	307,181	1,74677	304,772	1,74688	
302,973	1,87566	307,560	1,73207	305,290	1,72673	
303,444	1,85735	307,992	1,71561	305,771	1,70820	
303,843	1,84078	308,343	1,70509	306,160	1,69342	
304,153	1,82715	308,541	1,69371	306,757	1,67121	
304,713	1,80485	308,970	1,67986	307,251	1,65401	
305,070	1,79035	309,215	1,66860	307,762	1,63593	
305,355	1,77893	309,501	1,65910	308,267	1,61795	
305,921	1,75667	309,841	1,64972	308,480	1,60879	

306,190	1,74593	310,065	1,64096	308,843	1,59602
306,636	1,72861	310,618	1,62139	309,282	1,58077
307,209	1,70762	310,934	1,60844	309,683	1,56549
307,730	1,68728	311,274	1,59894	310,137	1,55170
308,092	1,67366	311,565	1,59015	310,615	1,53560
308,683	1,65201	311,829	1,58986	310,950	1,52467
309,281	1,63051	311,921	1,58482	311,365	1,51029
309,611	1,61871	312,320	1,57178	311,720	1,50084
309,960	1,60646	$m = 1,771$ mol.kg^{-1}	$Ce = 0,55$	312,120	1,48667
310,150	1,59980	$T_t^{Exp} = 317,565K$		312,510	1,47434
310,613	1,58346	300,194	1,88857	312,952	1,46066
311,110	1,56676	300,662	1,86866	313,226	1,45242
$m = 2,039$ mol.kg^{-1} $Ce=0,60$		301,173	1,84675	313,529	1,44415
$T_t^{Exp} = 327,365K$		301,770	1,82181	313,648	1,45383
306,350	1,57987	302,280	1,80076	313,913	1,43363
307,259	1,55013	302,786	1,78007	$m = 1,906$ mol.kg^{-1}	$Ce=0,57$
308,246	1,5162	303,256	1,76174	$T_t^{Exp} = 324,325K$	
309,264	1,48201	303,759	1,74142	302,220	1,77342
310,392	1,44758	304,248	1,72232	303,166	1,73775
311,252	1,42127	304,758	1,70370	304,213	1,69520
312,048	1,39902	305,271	1,68332	305,160	1,66344
312,758	1,37676	305,758	1,66526	306,050	1,62848
313,499	1,35785	306,231	1,64777	307,285	1,58526
314,207	1,33580	306,771	1,62829	308,179	1,55513
314,859	1,31812	307,272	1,61027	308,882	1,5310
315,467	1,30141	307,545	1,6010	309,860	1,49965
316,217	1,27876	307,972	1,58607	310,860	1,46740
316,883	1,26414	308,287	1,57293	311,835	1,43732
317,486	1,25186	308,708	1,56063	312,834	1,40732
318,166	1,23113	309,102	1,54734	313,853	1,37893
318,972	1,21277	309,586	1,53147	314,754	1,35198
319,590	1,19701	309,917	1,52023	315,766	1,32399
320,040	1,18630	310,278	1,50861	316,628	1,30070
320,502	1,17580	310,563	1,49923	317,632	1,27416

321,091	1,16145	310,958	1,48657	318,870	1,24246
321,620	1,14904	311,202	1,48026	319,860	1,21785
322,270	1,13452	311,590	1,46663	320,825	1,19473
322,760	1,12337	311,921	1,45626	321,750	1,17310
323,248	1,11269	312,200	1,44769	322,500	1,16113
323,720	1,10322	312,590	1,43708	323,123	1,14464
324,101	1,09434	312,881	1,42678	324,197	1,11765
324,721	1,08212	313,220	1,41664		
325,310	1,07055	313,548	1,40690		
325,705	1,0610	313,965	1,39458		
326,028	1,05486	314,305	1,38759		
326,351	1,04765	314,580	1,37670		
326,750	1,03924	314,850	1,36974		
327,060	1,03364	315,231	1,35737		
		315,552	1,34897		
		315,860	1,34165		
		316,231	1,33007		
		316,510	1,32238		
		316,896	1,32080		
		317,485	1,29958		

Conclusion et perspectives

Nous avons procédé à susciter une transition de phase critique dans le mélange "1,4-dioxane - eau" {D_{1-4}-E} induite par la présence du sel KCl à la saturation. En effet, ce mélange binaire {D_{1-4}-E} est miscible en toutes proportions en absence de toutes impuretés.

L'établissement du diagramme de phase de ce ternaire {D_{1-4}-E+ KCl} a permis de localiser la zone critique à point inférieur tels que la température critique $T_c \approx 38°C$ et la fraction molaire $x_c=0,295$ en 1,4-dioxane pour une concentration de sel de l'ordre de 0,5 mol par kilogramme de mélange.

L'étude de certaines propriétés a nécessité, la mise au point d'un dispositif expérimental important comprenant notamment :
- Une régulation de température permettant de stabiliser l'échantillon à $\pm\ 2.10^{-3}°C$, pendant plusieurs heures d'expérimentation, sans gradient de température détectable.
- Des appareils de mesure tels que, un conductimètre, un réfractomètre, un viscosimètre et un densimètre électronique.

Dans une première étape, nous avons établi les différents résultats de mesure de la conductivité électrique de ce mélange en fonction de la température d'une part et en fonction de la concentration du sel pour différentes compositions du système de base ((D_{1-4}-E) d'autre part.

L'analyse des différentes courbes obtenues est basée sur la théorie statique et dynamique du phénomène critique. Elle nous a permis d'évaluer expérimentalement certains exposants critiques (universels). La conductivité électrique peut jouer le rôle d'un paramètre d'ordre dont l'équation de son diamètre et son amplitude ont été établi en fonction de la température réduite.

Par la suite pour des températures inférieures à la température critique, le système électrolytique est composé d'une seule phase homogène.

La conductivité électrique est mesurée pour différentes compositions en 1,4-dioxane en présence du sel KCl à la saturation. Cette grandeur varie linéairement avec la température moyennant une anomalie au voisinage du point critique.

L'énergie d'activation de conductivité électrique a été déterminée pour différentes compositions critiques du système de base, montrant une allure exponentielle.

Les mesures de l'indice optique nous ont permis :
- D'obtenir la courbe de coexistence en indice optique.
- De déterminer les propriétés critiques en exposants, en amplitude et en température critique.
- Une anomalie de l'indice optique a été détectée dans la région critique moyennant les mesures thermiques dans la région monophasique dont l'allure est linéaire.

Dans une dernière étape nous avons étudié la viscosité dynamique de cisaillement, nécessitant la mesure séparée de la densité et de la viscosité cinématique.

L'analyse des résultats de mesure de la densité massique avec la précision de $\pm 10^{-4}$ g.cm^{-3} nous a permis de confirmer les constatations suivantes :

- La variation thermique de la densité massique est linéaire pour les différentes compositions étudiées. Nous avons aussi envisagé que cette grandeur présente une anomalie au voisinage du point critique.
- En combinant la densité avec la viscosité cinématique nous avons déduit que la viscosité dynamique se comporte comme une grandeur de la loi d'échelle.

Nous avons déterminé aussi l'énergie d'activation de viscosité. Selon la nature des différentes interactions molécules-ions et molécules-molécules, ces corrélations ont un effet important sur la viscosité dynamique en lui attribuant un caractère divergent observé dans la région critique et se manifestant ainsi par une anomalie significative à $T_c - T \approx 5.10^{-2}$°C.

La relation de Lorenz-Lorentz, avec les données expérimentales de l'indice optique permet d'évaluer la réfraction molaire. Nous avons montré qu'elle augmente à peu prés de 1% avec la température et diminue prés de 10% avec la fraction massique en eau. La réfraction molaire est une fonction régulière ne présentant aucune anomalie.

Nous souhaitons continuer cette étude en choisissant d'autres sels tels que $MgCl_2$, $CuSO_4$ et NaCl pour investiguer l'effet électrostatique sur l'interaction ion – molécule.

En conclusion la technique du mécanisme de séparations de phase envisagée au cours de cette étude pourrait avoir une application industrielle dans les liquides miscibles.

i want morebooks!

Buy your books fast and straightforward online - at one of world's fastest growing online book stores! Environmentally sound due to Print-on-Demand technologies.

Buy your books online at
www.get-morebooks.com

Achetez vos livres en ligne, vite et bien, sur l'une des librairies en ligne les plus performantes au monde!
En protégeant nos ressources et notre environnement grâce à l'impression à la demande.

La librairie en ligne pour acheter plus vite
www.morebooks.fr

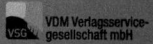
VDM Verlagsservicegesellschaft mbH
Heinrich-Böcking-Str. 6-8   Telefon: +49 681 3720 174   info@vdm-vsg.de
D - 66121 Saarbrücken   Telefax: +49 681 3720 1749   www.vdm-vsg.de

Printed by Books on Demand GmbH, Norderstedt / Germany